THE ART & TECHNIQUE OF RETOUCHING

造像之术

职业修图师的商业摄影后期精修

技法篇

刘杨 著

人民邮电出版社

北京

图书在版编目（CIP）数据

造像之术：职业修图师的商业摄影后期精修. 技法
篇 / 刘杨著. -- 北京：人民邮电出版社，2022.10（2024.6 重印）
ISBN 978-7-115-59462-4

Ⅰ.①造… Ⅱ.①刘… Ⅲ.①图像处理软件 Ⅳ.
①TP391.413

中国版本图书馆CIP数据核字（2022）第103557号

内 容 提 要

本书讲解了学习商业摄影后期所需要掌握的基础知识及部分相对高阶的技巧。本书首先介绍了修图师需要掌握的后期软件基础知识及后期修图会用到的技能，为后续的学习打好基础，并让读者带着清晰的目标去学习；接着全方位介绍了 Adobe Camera Raw 这款工具的功能及使用技巧，帮助读者掌握导图定调的技巧；然后介绍了 Photoshop 软件的基本修图功能和工具的使用方法，以及不同调色工具的调色方法，为实战修图打好基础；最后分别以室内、室外人像精修为例，介绍了商业人像摄影后期的调修工作流程及具体操作。

本书是作者多年摄影后期教学经验的总结，侧重于技法的应用和对细节的把握，从理论、流程到技巧循序渐进，步骤清晰，案例经典，适合商业摄影后期爱好者、商业广告修图师、商业人像修图师等参考阅读。

◆ 著　　　　　刘　杨
　　责任编辑　　张　贞
　　责任印制　　陈　犇

◆ 人民邮电出版社出版发行　　北京市丰台区成寿寺路 11 号
　　邮编　100164　　电子邮件　315@ptpress.com.cn
　　网址　https://www.ptpress.com.cn
　　中国电影出版社印刷厂印刷

◆ 开本：787×1092　1/16
　　印张：16.25　　　　　　　　　2022 年 10 月第 1 版
　　字数：410 千字　　　　　　　 2024 年 6 月北京第 4 次印刷

定价：138.80 元

读者服务热线：(010)81055296　印装质量热线：(010)81055316
反盗版热线：(010)81055315
广告经营许可证：京东市监广登字 20170147 号

当今社会，人手一部高像素手机，里面安装着自动修图软件，不光是图片，连视频都可以即拍即修，甚至换脸。大家会觉得，现在还有必要学修图吗？我会说，只是玩玩的修图，确实没必要学了。可以想见，未来的"傻瓜式"修图软件会越来越强大、便宜、快捷。但是，为什么要这么修，怎么做出与众不同又精彩绝伦的效果，怎么完成商业级的大型项目，这些问题并不会随着自动软件的升级消失，反而会越来越难，对修图师的要求也会越来越高。刘杨的此系列书就是在回答上述的这些更难的问题，培养可以应对挑战的商业修图师。

本身就是知名修图师和摄影师的刘杨，在站酷多年来一直致力于传播专业级修图的内核知识。本书同名的课程，深受业内人士认可并持续热销，数年以来通过对这门课程的学习，大批初学者成长为修图领域的中坚力量。

如果你有志成为视觉奇观的创作者、国际大片的制作者、审美潮流的引领者，本书会给你提供一个良好的学习路径。

站酷网总编辑

纪晓亮

用像素的力量呈现更美的世界

平平淡淡十几年，很庆幸自己依然还在坚守当初选择的摄影行业。从前期到后期，从职场到教学，这份坚持源自内心的热爱。喜欢在夜深人静的时候用手绘板"唰唰"地涂抹像素，喜欢挑战不同类别、不同需求的修图要求，喜欢接触不同风格的摄影师。因为修图，因为摄影，我接触到了很多当红明星、商界大佬、世界超模，也走出去看到了许多国外的风景。回顾这十几年的摄影历程，我见证了行业的发展及变化，越来越多年轻的一代加入这个领域，创作自己的作品，而想要脱颖而出，技术与创新的追求缺一不可。

各行各业在这些年都在高速发展，作为一名在摄影后期领域深耕十几年的过来人，总是要花时间总结一些内容、经验，回馈给准备入行的新人或者需要提升工作技能的朋友们。为了帮助大家强化后期的重点、难点知识与技术，我花了大量时间整理出了本系列书。书中内容由浅入深，包涵了商业修图的核心知识，以及我多年积累的摄影后期修图经验，从软件工具的使用、后期修图思路，到具体实战案例的分析与实操，覆盖从理论到实践的全过程。

一路走来，感谢大家的支持与厚爱，写书这事说了很久，今天终于得以实现，希望可以帮助从业者和摄影后期爱好者更快速地了解整个商业后期的核心技术，早日在职场大放异彩，实现自己的人生目标。

资源下载说明

本书附赠案例配套素材文件，扫描右侧二维码，关注"摄影客"微信公众号，回复本书51页左下角的5位数字，即可获得下载方式。资源下载过程中如有疑问，可通过客服邮箱与我们联系。

客服邮箱：songyuanyuan@ptpress.com.cn

扫一扫 学摄影

目录
CONTENTS

第一章

软件基础
与后期修图流程

进行摄影后期修图需要熟练掌握软件的基础功能。当然，从摄影的角度来说，这些功能可能会比平面设计简单很多，但依然包括了在Adobe Camera Raw（缩写为ACR）中对原片进行基本的定调处理；在Photoshop中借助于调色工具、修复类工具、抠图工具以及滤镜命令等对照片进行全方位的调整。除此之外，摄影师还应该知道修图的流程是什么。本章将对以上知识进行详细的讲解。

1.1

修图流程

了解修图的主要流程及需要的软件基础功能，可以对后续的学习起到一定的指导作用，所以本节首先介绍后期修图的主要流程，之后介绍进行摄影后期修图需要掌握的一些软件基础功能。

修图的主要流程非常简单，只有三个环节——导图定调、调色、照片精细化处理，如图1-1所示。导图定调主要是借助于Adobe Camera Raw对照片的原始文件进行影调、色彩等方面的校正，让照片整体的影调、色彩达到一个相对合理的程度。接下来就要将照片载入Photoshop，进行一些具体的影调重塑及调色等处理。第三个环节是对照片进行精细化处理，包括瑕疵修复、细节调整等；对于人像题材照片，还会涉及磨皮、液化等非常多的精细化处理工作。精细化处理涉及的知识点非常多，在后续章节中我们将进行详细介绍。

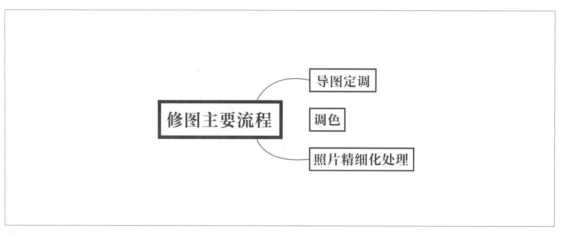

图1-1

无论进行导图定调、调色，还是照片精细化处理，都需要我们对ACR及Photoshop软件有较好的驾驭能力，掌握它们的主要功能及命令。可能许多初学者觉得这非常困难，但实际上，相比于平面设计来说，从摄影的角度来学习ACR与Photoshop其实是非常简单的。在本章中，我们将只针对在ACR和Photoshop中进行摄影后期处理所需要的内容进行介绍，略去软件的其他功能。

1.2
导图工具的使用

我们拍摄的RAW格式文件，无法在计算机上或其他一些读图软件中直接使用，需要借助于Photoshop中的ACR等工具将其转为JPEG格式才能正常使用。这个转换的过程，我们称之为"导图"。

因为RAW格式文件包含了大量的原始拍摄信息，所以需要在导图过程中对照片进行初步的细节调整、色彩校正、整体影调调修等操作，为照片奠定一个主要的基调。

RAW格式文件的具体表现形式是多样化的，比如说，佳能相机拍摄的RAW格式文件的扩展名为CR2，索尼相机拍摄的RAW格式文件的扩展名为ARW，尼康相机拍摄的RAW格式文件的扩展名则为NEF，还有一些相机拍摄的RAW格式文件的扩展名为.DNG，这里不再一一列举。

图1-2中①所示的照片文件的扩展名为CR2，这就表示它是佳能相机所拍摄的RAW格式文件。在ACR中对RAW格式文件进行处理之后，在照片存储文件夹中可以看到扩展名为.xmp的文件（如图1-2中②所示），这个文件无法直接浏览，它记录了我们对相应RAW格式文件进行后期处理的过程。当打开RAW格式文件时，.xmp文件中记录的处理过程会自动导入到软件中。

图1-2

将拍摄的RAW格式文件拖入Photoshop，就可以直接在ACR中打开。这里可以看到ACR的主要界面，如图1-3所示。有关这个界面的功能分布以及基本操作，将在下一章中进行详细介绍，这里我们主要了解导图工具的主界面。

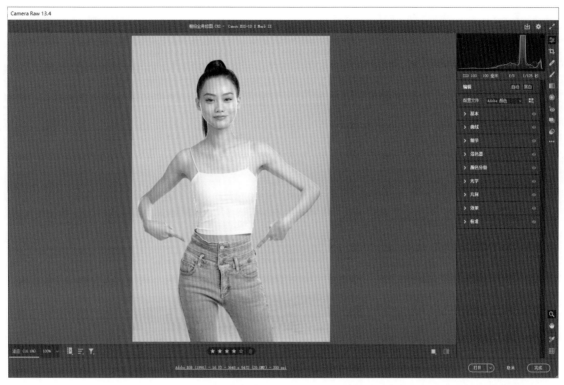

图1-3

在Photoshop主界面中，有一个名为"Camera Raw滤镜"的命令，它的内核也是ACR工具。打开"滤镜"菜单，如图1-4所示，选择"Camera Raw滤镜"之后，在Photoshop中打开的JPEG格式文件，会载入Camera Raw滤镜。

打开Camera Raw滤镜窗口之后，可以看到它与ACR工具界面基本相同，但是少了一些工具和功能，比如工具栏中的裁剪工具、上方的图像存储工具，以及下方的功能按钮都有所不同，如图1-5所示，但Photoshop当中内置的Camera Raw滤镜却可以极大地方便我们随时在ACR与Photoshop主界面之间进行切换。

图1-4

图1-5

1.3

初识ACR功能面板

接下来介绍利用ACR进行修图的一些主要面板。在右侧的面板区当中，第1个面板为"基本"面板，单击"基本"面板图标，可以将其展开，在其中可以看到大量的调色及影调调整参数，如图1-6所示。在"基本"面板当中，可以对照片进行基本的影调处理。

第2个面板为"曲线"面板，如图1-7所示，在ACR 12.4及之前的版本当中，这个面板称为"色调曲线"，在其中我们可以对照片进行与Photoshop软件中曲线功能一样的调整，两者的功能基本一致。

接下来是"细节"面板，在这个面板中，单击参数右侧的三角图标，可以展开每一项参数，如图1-8所示。"细节"面板中包含"锐化""减少杂色""杂色深度减低"三组参数，可以对照片进行锐化及降噪处理，优化照片画质。因为我们主要调整的是"锐化""减少杂色""杂色深度减低"这三个参数，所以说在不进行特别细致的调整时，可以将详细参数收起，如图1-9所示。

图1-6

图1-7

图1-8

图1-9

下面一个面板是"混色器"面板，"混色器"面板在12.4及之前版本当中称为"HSL调整"面板。在新版本中，HSL调整被内置到了一个单独的列表当中，如图1-10所示。H代表色相，S代表饱和度，L代表明亮度，即表示在此可以对色彩进行色相、饱和度和明亮度的全方位调整。

"颜色分级"面板，如图1-11所示，主要用于调色，它可以分别对高光、阴影和中间调进行色彩的渲染，让这三个区域渲染上不同的色彩。

接下来是"光学"面板，如图1-12所示，在老版本中，"光学"面板称为"焦镜头校正"。在"光学"面板中，通过配置参数，我们可以实现对照片进行删除色差、镜头畸变及画面四周晕影的优化和校正。

在"几何"面板中能够实现对照片水平、垂直、长宽比等方面的调整，如图1-13所示。

图1-10

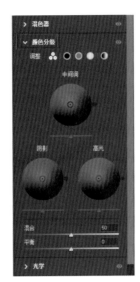
图1-11

图1-12

图1-13

接下来是"效果"面板，如图1-14所示，在其中可以为照片添加一些杂色、颗粒、粗糙度等，让照片模拟出一些胶片的效果，除此之外，还可以为照片添加暗角及晕影。

最后一个面板为"校准"面板，如图1-15所示。"校准"面板也是一个调色面板，它可以通过调整三原色对画面进行色彩的快速统一，让画面的色调变得更干净。

图1-14

图1-15

1.4

Photoshop的常用功能

介绍了ACR的主要功能分布之后，接下来介绍Photoshop的主要功能以及界面布局。

Photoshop主界面功能

首先来看Photoshop主界面的布局。在Photoshop中打开一张照片，如图1-16所示。

图1-16

打开Photoshop之后，可以对软件界面布局进行调整，以便让界面更加符合自己的使用习惯。Photoshop
预设了几种界面布局供使用者选择，如果是摄影师，可以选择"摄影"界面，选择方法如图1-17所示。
除此之外，也可以通过拖动面板位置，或是开启和关闭面板，让界面更加符合个人的使用习惯。初次打开
Photoshop并配置摄影界面的用户可能会发现，自己的Photoshop界面与书中所示的界面有所不同，但整体差
别不会太大。

下面我们来介绍Photoshop主界面的功能区域，如图1-18所示。第1个区域为菜单栏，Photoshop所有的功能在菜单栏中几乎都可以找到对应命令，并且主要的修图功能都集中在"图像"菜单当中。第2个区域为工具栏，对照片进行后期处理的，除借助命令及特定功能之外，往往还需要结合工具的使用，比如，要对照片中某一个区域进行调整，那么往往需要借助于工作栏中的"选区工具"，先选择这些区域之后，再执行某些特定的命令进行调色或调整等。第3个区域是选项栏，用于设定工具的参数，选择某种工具之后，通过限定工具的参数属性，可以更方便、精确地进行后期处理操作。第4个区域为面板区，可以通过在标题栏上按下鼠标左键并拖动改变面板位置，也可以单独开启或关闭某个，根据个人习惯列出我们常用的面板。第5个区域为面板停靠区，可以将面板折叠起来变为一个图标，停靠在这个竖栏当中，单击即可展开对应的面板。

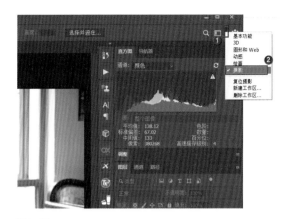

图1-17

图1-18

调色功能及命令

在Photoshop中，对照片进行影调和色彩处理的主要功能集中在"图像"菜单中。打开"图像"菜单，选择"调整"命令，在展开的子菜单中可以看到大量的命令，如图1-19所示。其中我们在修图中主要使用的是"色阶""曲线""色相/饱和度""色彩平衡"和"可选颜色"几个命令，在本书的后续章节中将陆续对这些功能逐一进行详细的介绍。

为了方便摄影师使用，Photoshop将这些主要的功能内置到了"调整"面板中，面板中的图标对应着不同的功能。单击"图层"面板下方左数第4个按钮"创建新的填充或调整图层"，可以打开快捷菜单，如图1-20所示，在其中也可以看到我们较常使用的一些功能和命令。虽然Photoshop的影调与调色功能非常多，但我们主要使用的就是这几项，所以后期修图实际上并没有我们想象的那么复杂。

图1-19

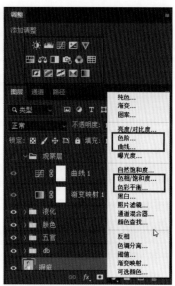

图1-20

修复类工具

接下来介绍修复类工具。无论在风光类还是人像类题材中，摄影师可能都需要借助于修复类工具对画面的一些瑕疵进行删除、修补，或是改变造型等操作。图1-21展示了对人物面部进行瑕疵修复的对比，左图为原始图片，右图为修复之后的效果，可以看到，右图中人物的肤质明显更加完美，这就是通过修复类工具来实现的。在工具栏中的修复类工具图标上长按鼠标键，可以将这组工具展开，如图1-21所示，其中较常使用的有"污点修复画笔工具""修复画笔工具"和"修补工具"。

图1-21

如果展开的修复工具组中少了某些工具，那么可以在工具栏下方的"编辑工具栏"图标上长按鼠标左键，展开其快捷菜单，在其中选择"编辑工具栏"命令，如图1-22所示。

在打开的"自定义工具栏"面板（如图1-23所示）右侧的"附加工具"栏中选择需要的工具，并保持按下鼠标左键将该工具向左拖动到"工具栏"中对应的工具组中，之后单击"完成"按钮即可将其添加到工具栏中。

图1-22

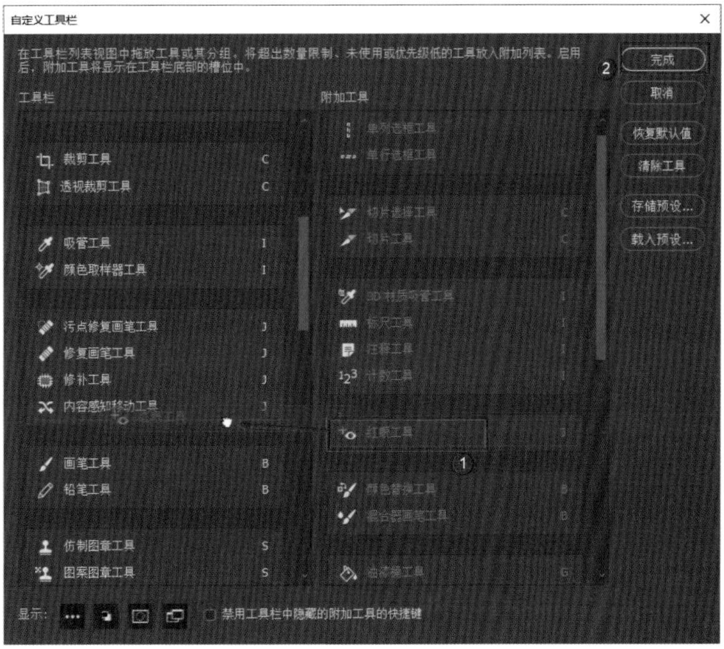

图1-23

这样，在展开的修复类工具组中就可以看到我们添加的工具，如图
1-24所示。除修复类工具之外，其他工具组也是如此操作。

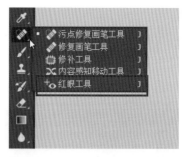

图1-24

选区工具及命令

接下来介绍选区工具及命令的使用方法。在后续修图当中选区工具非常重要，因为摄影非常重要的一个修图
环节就是局部调整，要实现局部调整，就需要借助于各种各样的选区。

在Photoshop中打开一张图片之后，在左侧的工具栏中展开选区工作组，如图1-25所示。在这组工具中比较
常用的是"钢笔工具"，它在商业摄影后期修图中尤其常用，在风光摄影等题材的后期中使用的会相对少一
些。从图中可以看到，我们已经为人物之外的区域建立了选区。建立选区之后，选区边缘会以蚂蚁线的方式
呈现，蚂蚁线圈起来的区域就是被选中的区域，后续的调整就会针对这些区域，而选区之外的区域则不会受
影响。

图1-25

在工具栏上方还有一个选区类工具组。展开该工具组，可以看到我们比较常用的几种选区工具，其中最常用的是"快速选择工具"和"魔棒工具"，如图1-26所示。

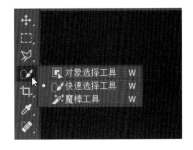

图1-26

在菜单栏的"选择"菜单中，也有大量的选择命令，其中比较常用的是"色彩范围"和"天空"，如图1-27所示。"天空"命令是在Photoshop CC 2021版本才增加的命令，在之前的版本中是没有的，在进行一些人像写真的修图时这个命令非常好用。

图1-27

1.5

Photoshop面板、图层

接下来介绍Photoshop主界面中各种面板以及图层的功能。打开一张照片，如图1-28所示，因为这张照片经过了大量的后期处理，所以会有非常多的图层。可以看到，图层的图标也是多样化的。我们的后期修图，主要就是在这些不同的图层上进行操作，包括各种工具与命令的应用等。

图1-28

图层混合模式是"图层"面板中非常重要的功能。图层混合模式的位置如图1-29所示,其菜单列表当中内置了大量的混合模式,如图1-30所示。

单击选中一个图层,将其图层混合模式设置为"穿透"时,会实现相应的画面效果。除此之外,还有"正常""溶解",以及"变暗"组、"变亮"组、"叠加"组、"差值"组、"色相"组等。默认情况下,图层设置为"正常"混合模式,这种模式下两个图层正常地叠加在一起,上方的图层遮挡下方的图层。

"变暗"组混合模式,会使两个图层叠加在一起后,画面整体呈现变暗效果。

"变亮"组混合模式则相反,会使两个图层叠加在一起后,画面整体效果会变亮。

"叠加"组混合模式主要用于增加画面的对比度。"差值"组混合模式用得比较少,这里就不详细介绍了。在"色相"组混合模式中,我们经常使用的主要是"颜色"和"明度"。"颜色"主要是指用上方图层的色彩替换下方图层的色彩。"明度"主要是指用上方图层的明亮度替换下方图层的明亮度。

图1-29

图1-30

1.6

滤镜命令

接下来介绍"滤镜"命令，如图1-31所示。从某种意义上说，借助滤镜可以让画面实现大部分的特效效果。对于一般的摄影后期来说，我们较常使用的就是之前介绍的Camera Raw滤镜，借助此滤镜进行照片的基本处理。

另一个比较常用的是"液化"命令，通过"液化"命令，可以对人物的面部五官以及肢体进行全方位的调整和优化，让人物五官更好看，体型更完美。

另外，还有"模糊""扭曲""锐化"等命令，这些命令使用频率稍低一些。

在"滤镜"菜单下方，显示了几个英文命令组，这是我自行添加的第三方滤镜插件，即需要单独下载并导入Photoshop软件中才可以使用。

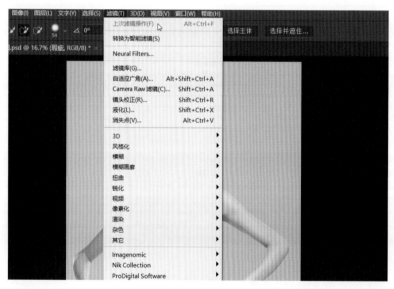

图1-31

下面的两张照片展示了我对照片进行液化处理前后的画面效果。首先，在"图层"面板中，单击关闭"液化"图层组前的小眼睛图标，隐藏此图层组。此时展示的是液化前的效果，可以看到人物五官、面部轮廓及肢体造型，如图1-32所示。接着，再次单击打开小眼睛图标，显示出液化图层，即显示出液化处理的效果，可以看到人物的五官、面部轮廓及肢体更加完美，如图1-33所示。

图1-32

图1-33

1.7

修图修什么

图1-34中列出了摄影后期修图所要调整的大部分内容。可能有一些图片会进行较多项目的调修，而另外一些图片只进行比较少的调修，具体要根据照片原图的情况，以及后期修图的目的进行调整。如果是商业修图，那么后期调整的项目会比较多，调整的幅度也会比较大；而如果是一般的业余修图，只是发朋友圈分享，那只要简单修饰下影调及色彩就可以了。

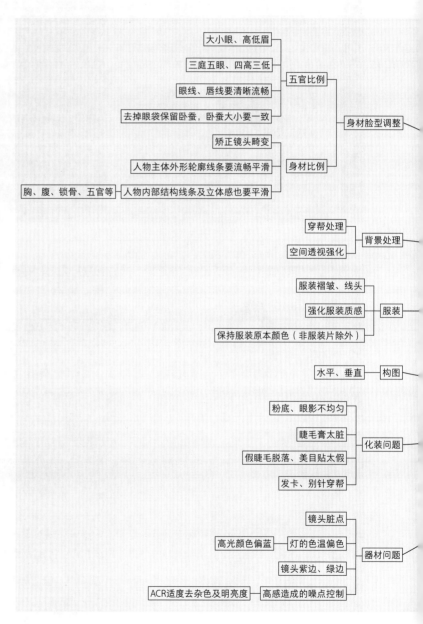

图1-34

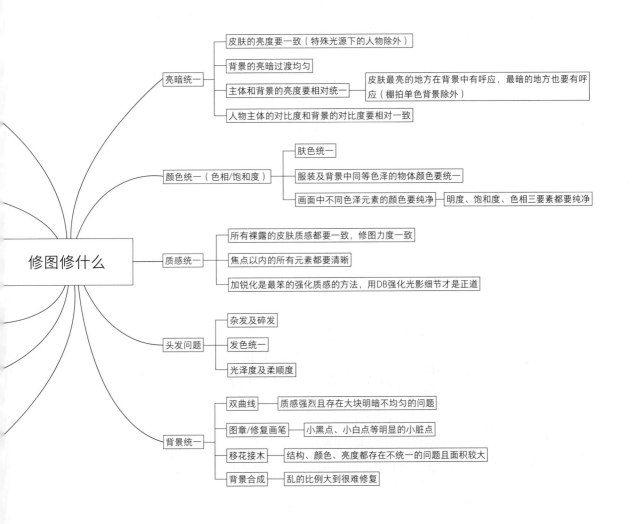

修图修什么

亮暗统一
- 皮肤的亮度要一致（特殊光源下的人物除外）
- 背景的亮暗过渡均匀
- 主体和背景的亮度要相对统一 — 皮肤最亮的地方在背景中有呼应，最暗的地方也要有呼应（棚拍单色背景除外）
- 人物主体的对比度和背景的对比度要相对一致

颜色统一（色相/饱和度）
- 肤色统一
- 服装及背景中同等色泽的物体颜色要统一
- 画面中不同色泽元素的颜色要纯净 — 明度、饱和度、色相三要素都要纯净

质感统一
- 所有裸露的皮肤质感都要一致，修图力度一致
- 焦点以内的所有元素都要清晰
- 加锐化是最笨的强化质感的方法，用DB强化光影细节才是正道

头发问题
- 杂发及碎发
- 发色统一
- 光泽度及柔顺度

背景统一
- 双曲线 — 质感强烈且存在大块明暗不均匀的问题
- 图章/修复画笔 — 小黑点、小白点等明显的小脏点
- 移花接木 — 结构、颜色、亮度都存在不统一的问题且面积较大
- 背景合成 — 乱的比例大到很难修复

第二章

ACR基本
修图技巧

本章我们将首先介绍ACR界面的一些基础信息，
以及常见的操作和设定技巧；之后介绍ACR各种
基本功能的使用方法。

2.1

ACR设定及基本操作

ACR界面信息及设定

将所拍摄的RAW格式源文件拖入Photoshop，这些文件会自动在ACR中打开，如图2-1所示。在ACR界面左侧的胶片窗格可以看到所打开照片的缩略图，中间工作区会显示在胶片窗格中选中的照片。ACR界面左上角显示的是软件的版本号，中间上方显示文件名、扩展名及相机信息。当前打开的照片的扩展名为ARW，拍摄用的机型是索尼的ILCE-7RM3，即我们通常所说的A7RM3。工作区下方显示的是工作流程链接，会显示照片的色彩空间配置、位深度、照片尺寸及分辨率等。

图2-1

在胶片窗格中，选中另外一张照片的缩略图，可以看到这张照片的扩展名为CR2，如图2-2所示，这是佳能相机所拍摄的RAW格式文件的扩展名，其本质上与前面的ARW一样都是RAW格式文件，所拍摄相机为佳能的EOS 60D。

图2-2

在使用ACR之前，一般要提前对色彩空间进行设定。单击界面下方的工作流程链接，会打开"Camera Raw首选项"对话框，并默认选择了"工作流程"选项卡，如图2-3所示。如果要对照片进行处理，建议在处理过程中设定"色彩空间"为"Adobe RGB（1998）"，"色彩深度"为"16位/通道"，这样可以确保在修图过程中不会导致信息丢失，因为Adobe RGB有更大的色域。如果输出的照片要在电脑、手机等设备上进行浏览，那么可以在输出时将"色彩空间"设定为"sRGB"；如果要用于印刷，就要设定为"Adobe RGB（1998）"。输出时无论选择哪一种色彩空间，都要配置为8位的深度。

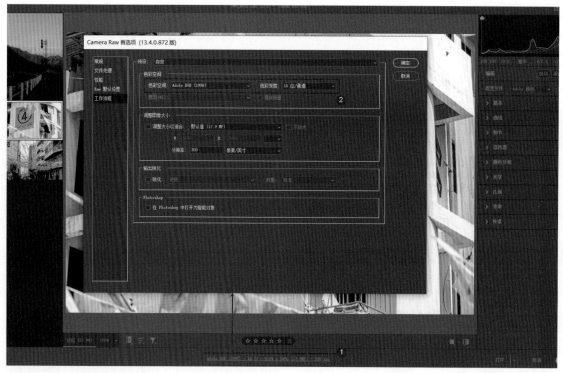

图2-3

照片输出设定

对照片进行处理之后就要进行输出，接下来介绍在ACR中输出照片的相关设置及步骤，如图2-4所示。①单击ACR界面右上角的"存储选项"按钮，打开"存储选项"对话框，在其中可以对存储的选项进行详细设置。②存储"目标"可以设定为"在相同位置存储"，或单击"选择文件夹"按钮，设定新的存储位置。③对于照片格式来说，如果是一般浏览，建议设定为JPEG，这也是兼容性最高、综合性能非常好的一种照片格式。"文件扩展名"有两种方式，一种是.JPG，另一种是.jpg。④照片"品质"设定为10~12。⑤此处的"色彩空间"指我们要输出照片的色彩空间，如果仅供电脑、手机等电子设备浏览，那么设置"色彩空间"为"sRGB IEC61966-2.1"、"色彩深度"为"8位/通道"；如果照片要用于印刷，那么应设置"色彩空间"为"Adobe RGB（1998）"、"色彩深度"为"8位/通道"。⑥如果要使用"调整图像大小"这个功能，那么需要勾选"调整大小以适合"复选框，然后在后方限定长边长度，这样宽边就会由软件根据照片比例自动设定。⑦各项参数都设定好之后，直接单击"存储"按钮即可。

在ACR界面右上角单击"设置"按钮，会打开"Camera Raw首选项"对话框，如图2-5所示，该对话框通过单击ACR界面下方的工作流程选项链接也能进入，两者并没有什么不同，这是新版本ACR的一个不同之处。

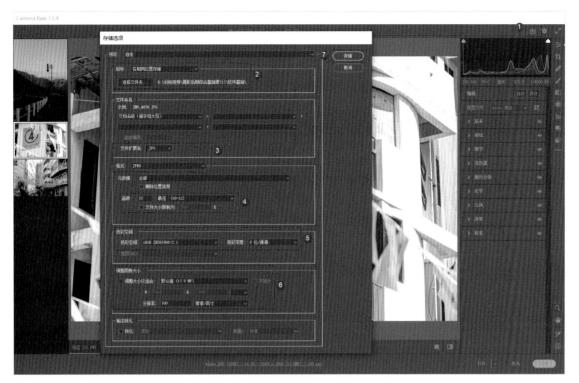

图2-4

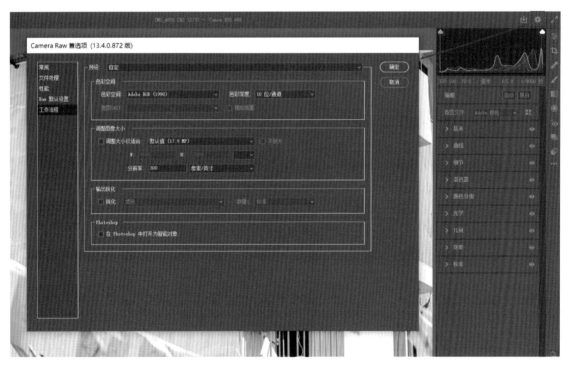

图2-5

2.2
在ACR中对照片进行基本调整

在介绍过ACR界面之后，接下来就介绍如何用ACR进行修片，以及ACR主要的调整功能。

直方图

ACR界面的右上角是直方图区域。在直方图中，可以看到多个不同色彩的直方图波形，如图2-6所示。直方图界面的左上角和右上角各有一个三角标，这是两个修剪警告标记，用于提示照片的色彩或敏感像素的溢出，后续将进行详细介绍。在直方图中，如果某个单色波形比较偏右，右侧出现了波形的升起，也就是亮部升起，则表示这张照片会偏某一种颜色；如果左侧升起，表示暗部的该颜色偏多。如果右侧的三角标变为了某种颜色，则表示这种颜色出现了溢出、过饱和状态；如果左侧三角标变为了某种颜色，则表示这张照片缺少这种颜色。下面通过具体的案例来进行介绍。

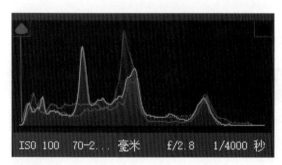

图2-6

打开一张照片，降低照片的色温，让照片向偏蓝的方向发展。这时，从直方图波形上可以看到，右侧蓝色的像素较多，而从照片画面当中也可以看出照片明显偏蓝色，如图2-7所示。我们还可以看到照片中缺少红色，从直方图上也可以看到，红色波形居于直方图的左侧，并且左侧的三角标变红，表示这张照片缺少红色，出现了红色信息的丢失。

将色温提高，可以看到此时的波形发生了较大变化，如图2-8所示，红色波形移到了直方图的右侧，从照片中也可以看到照片是偏红色的，而左侧三角标出现了蓝色、青色等信息，表示这张照片是缺少青色与蓝色的。

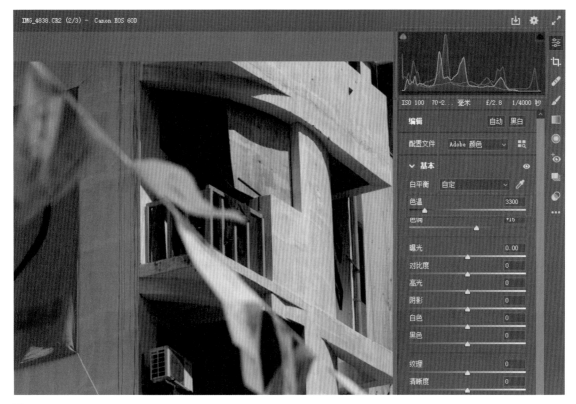

图2-7

图2-8

白平衡校正

之前我们通过拖动"白平衡"当中的"色温"滑块，对色彩实现了调整，实际上，白平衡包括"色温"与"色调"两个调整项以及一个吸管工具，这个吸管工具叫自动白平衡。

①单击选择自动白平衡吸管工具，②将其移动到照片当中，在灰色的墙上单击，这样就完成了对这张照片色彩的校准，如图2-9所示。

所谓白平衡，是指找到照片当中的黑色、白色或是中性灰的区域，以此为基准，准确还原照片中的其他色彩。通常来说，使用白平衡工具在照片中单击时，单击的位置一定不能选择其他色彩，如果选择暖色调的位置进行单击，那么画面整体色彩会偏冷，主要是偏青、蓝等色彩；如果单击的位置偏冷色，那么画面会向偏暖的色彩偏移。只有单击中性灰、白色、黑色这些没有色彩倾向的位置时，才能准确还原画面色彩。所谓准确还原画面色彩的状态不一定是对的，只能说它是比较安全的，因为通常情况下，在摄影创作或后期调整时，会要求我们对画面进行一些有情感倾向的调色，画面要有一些冷暖的对比变化。

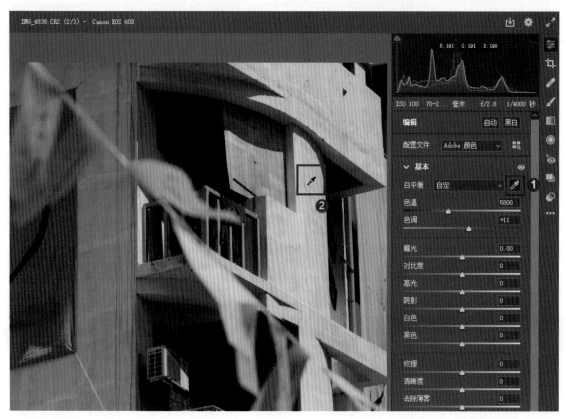

图2-9

基本面板中的色彩调整

下面介绍一下画面的饱和度变化对色彩的影响。首先将"饱和度"调到最低，此时可以看到，直方图中所有的色彩都躲到了单色直方图波形的后方，几乎完全消失，照片此时变为了单色的黑白状态，如图2-10所示。

这时逐步提高画面的"饱和度"，可以看到，从直方图波形中间的部分开始明显地展开了多种不同的色彩波形，如图2-11所示。饱和度越高，这种波形的分离程度越明显，其他颜色的直方图也会变得清晰。

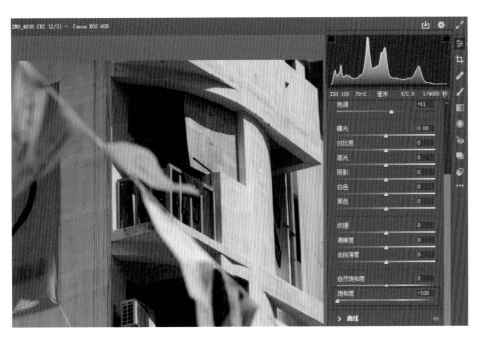

图2-10

图2-11

这里需要注意一个问题，当我们通过白平衡对画面调色时，往往要结合画面明暗的调整，因为色温与色调的变化可能会引起画面整体明暗的变化，比如说调低"色调"值，画面会变绿色，如图2-12所示。此时观察直方图波形，会发现各种不同色彩的波形，甚至单色的灰度波形整体都是向左移动的，这表示画面整体是变暗的。

再将"色调"值提高，会发现各种颜色以及单色直方图波形整体是向右移动的，这表示照片是变亮的，如图2-13所示。所以说在实际后期调整时，往往色彩的调整要辅以明暗的调整，才能保证画面有原有的亮度。

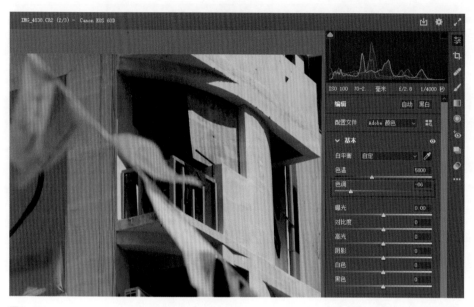

图2-12

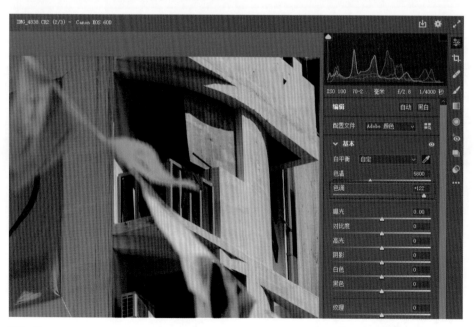

图2-13

影调调整

在介绍下面的功能前，先将照片恢复为默认状态。具体操作如图2-14所示，①在右侧工具栏下方单击展开折叠菜单，②选择"复位为默认值"选项，这样可以将照片复位到初始的状态。

在"基本"面板中，可以看到有几项非常重要的参数，分别为"曝光""对比度""高光""阴影""白色"和"黑色"，如图2-15所示，这些参数是我们进行明暗影调调整的主要参数，它们决定了照片整体及一些局部的明暗影调分布，下面逐项进行介绍。

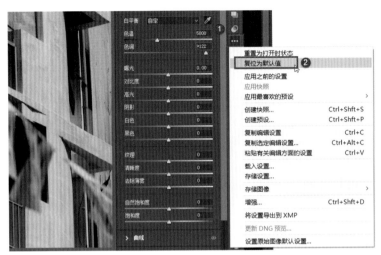

图2-14

图2-15

"曝光"对应的是直方图的整体，即照片的整体。降低曝光值，画面整体会变暗，提高曝光值，画面整体会变亮。对于图2-16所示的这张照片来说，整体是有一些偏暗的，因此提高曝光值，可以看到画面整体变亮，显得更加透亮，比原始照片好了很多。其实我们可以这样认为，"曝光"决定的是画面整体的影调和基调，是非常重要的一个参数。

"曝光"下方是"对比度"，调高对比度值，可以实现对画面全局的调整，让亮的区域更亮，暗的区域更暗，如图2-17所示。通过这种加强对比，可以让画面的层次更加丰富，让画面整体更通透。但要注意的是，提高"对比度"之后，画面中亮部更亮，暗部更暗，那么有可能暗部和亮部都会损失掉一些影调层次和细节，所以，对于过亮或过暗的部分，我们就需要通过调整"阴影"和"高光"来改善。

图2-16

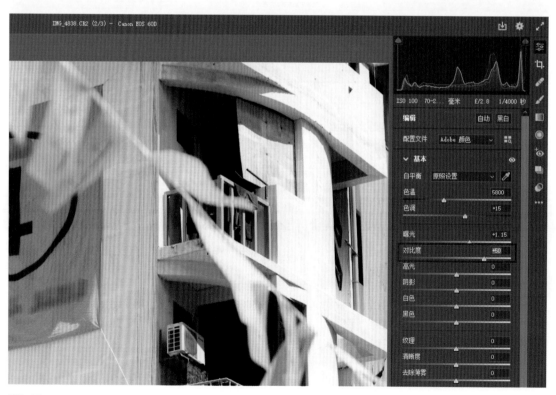

图2-17

降低高光值可以追回亮部的一些影调层次和细节；提高阴影值，可以追回暗部的层次。通过调整这两个参数，可以看到暗部和亮部追回了更多的细节，画面效果更好了一些，如图2-18所示。

此时继续观察照片会发现，暗部和亮部追回层次之后，画面整体会变灰变脏，这时就要通过调整"白色"与"黑色"参数来实现局部对比度的改变。降低黑色值，可以在阴影中加一点黑，增加暗部的对比度，让暗部足够黑，如图2-19所示。

图2-18

图2-19

与"黑色"对应的是"白色"，适当提高白色值之后，可以增强亮部的对比度，这样可以让暗部与亮部整体变得细节与层次都非常丰富，并且对比度也足够，画面整体通透干净，不会有脏的感觉，如图2-20所示。这里通过对不同参数的调整，介绍了画面整体影调调整的6个参数的功能以及使用方法。

图2-20

案例：基本调整功能修片实战

下面再通过一个案例，对这几个功能进行讲解，强化学习效果。之前我们说过，照片发灰不通透的原因是对比度不够。对于当前所打开的这张原始照片来说，首先还是要进行"曝光"及"对比度"等的调整，如图2-21所示。

提高画面的曝光值，可以看到画面整体的效果变好，但是天空的高光部分已经有些过曝，丢失了细节和层次，如图2-22所示。

图2-21

图2-22

这时可以通过降低高光值，将天空的一些层次和细节追回来，但是追回的量还是太少，依然有些过曝的状态，如图2-23所示。

这时我们可以把白色值降低，继续追回天空的层次与细节，如图2-24所示。此时会发现一个问题，虽然天空的层次与细节追回了，但是画面整体又变得灰蒙蒙的，显得非常脏，这说明我们的这种调整思路是有问题的。实际上在前期调整时，不能将曝光值提得太高，而应适度调整。

图2-23

图2-24

此时将曝光值稍稍降低一些，然后将白色恢复为初始值，这样画面会整体变好，画面发灰的感觉几乎没有了，如图2-25所示。

由于曝光值提得没有那么高了，因此画面暗部就变得沉闷，这时不要忘了还有"阴影"这个参数。提高阴影值，将暗部的层次和细节追回来，让画面整体的细节更丰富，如图2-26所示。

图2-25

图2-26

此时画面再次变灰，降低黑色的值，增强暗部的对比度，让暗部变得通透，如图2-27所示。

对于亮部来说，可以稍微提一点白色值，增强亮部的通透度。切换到对比视图，查看调整前后的效果，如图2-28所示。

图2-27

图2-28

此时如果想让画面中天空的层次变得再丰富一些，可以再稍微降低一点曝光值，如图2-29所示。当然，这个曝光值的降低是相对于我们之前的大幅度提高而言的。整体来看，曝光值还是一个增加的状态。改变曝光值之后，可以看到照片整体的通透度、层次和鲜艳度都会好很多。

对比调整前后的效果可以看到，我们没有调整"饱和度"与"自然饱和度"两个参数，仅仅改变了画面整体的影调对比等参数，就让照片效果变得非常理想了。实际上，影调与色彩是相互依存的，有时我们可以只调影调，就实现对色彩的优化，当然只调色彩也会对影调产生影响，后续再进行详细介绍。

图2-29

下面再来看这个案例。图2-30所示的这张照片中的颜色信息少一些，没有那么复杂，整体主要有蓝色、橙色、青色等颜色。

照片整体看起来也是灰蒙蒙的，不够通透，所以首先要提高曝光值，让画面整体明亮起来，如图2-31所示。

图2-30

图2-31

此时画面整体过于朦胧，因此增加对比度值，强化反差，让层次变得丰富，整体变得更通透一些，如图2-32所示。

根据之前介绍的方法，分别调整"高光"和"阴影"，追回亮部和暗部的层次，然后分别调整"黑色"与"白色"的值，增强暗部与亮部的对比度，这样画面整体就变得非常理想且通透了，如图2-33所示。

图2-32

图2-33

此时天空感觉有些亮度过高，因此把曝光值稍稍降低一些，然后再根据整体的画面效果对各个参数进行微调。调整之后，对比画面的效果可以看到变化还是很大的，如图2-34所示。

图2-34

总结一下，如果一张照片发灰，那么它主要的问题在于高光不够亮，暗部不够黑，中间调对比不够。因此，我们往往需要进行一些特定的调整，主要是通过调整曝光值奠定画面基调；通过调整对比度值加强中间调的反差；通过降低高光值追回高光层次，提高阴影值追回暗部层次；然后提高白色增加亮部的对比度，降低黑色增加暗部的对比度，最终，就可以使照片整体通透、鲜艳起来，变得更好看。

纹理、清晰度与去除薄雾功能的正确用法

下面介绍"基本"面板中的另外三个参数，"纹理""清晰度"和"去除薄雾"，如图2-35所示。这三个参数都可以对画面整体的清晰状态进行改变，但是它们所实现的效果又各不相同。一般来说，"纹理"的调整更细腻，是像素级的调整；"清晰度"是针对景物的高反差边缘进行调整，就是像素群的调整；而"去除薄雾"则是针对画面全图的虚实对比状态进行改变。

图2-35

第1种情况。画面中反差很小的区域，像天空的云层、被虚化的背景、朦胧的烟雾等，它们的反差是非常小的，非常朦胧，因此它们当中的细节也非常少，这种区域被称为照片的低频区域，有的照片整体就是低频照片。这种低频区域或是低频照片，通过"去除薄雾"参数来进行调整，效果是非常明显的。

第2种情况。照片当中一些景物的边缘有明显的高反差，比如白色背景与人物黑发这两种景物结合的边缘非常清晰，有非常明显的轮廓，这种情况就被称为高频区域，有些照片也称为高频照片，这种高频的区域和画面就适合使用"清晰度"参数来进行调整。

第3种情况。景物内部往往有大量的纹理细节，比如说人物的面孔有很多毛发和毛孔，这种区域也被称为中频区域。这种中频区域，适合通过"纹理"的调整改变整体的质感。

也就是说，"纹理""清晰度"和"去除薄雾"分别适合于改变中频、高频和低频区域的清晰程度和质感。

下面通过具体的照片来进行介绍，对于这张照片，我们之前已经进行过全图的明暗影调处理。这时我们再次提高去除薄雾值，然后对比调整前后的效果，可以看到，画面变得非常脏，如图2-36所示。所以说这种细节特别多，结构特别复杂的画面，就不适合进行"去除薄雾"的调整。

图2-36

如果加一点纹理值，放大之后可以看到锐度发生了非常大的变化，效果还是非常理想的，如图2-37所示。

图2-37

再来看图2-38所示这张图片，我们大幅度提高"纹理"，会发现效果并不明显，因为这张照片是一种低频的画面效果，所以无论"纹理"还是"清晰度"的调整，效果都不是特别明显。

对于这种低频的画面，我们用"去除薄雾"来进行调整，会发现它的调整变化是非常明显的，如图2-39所示。

图2-38

图2-39

自然饱和度与饱和度

"基本"面板最下方的两个参数是"自然饱和度"与"饱和度"。一般来说,"自然饱和度"主要用于降低画面当中饱和度过高的一些色彩的饱和度,或是提高饱和度过低的一些色彩的饱和度。调整之后,会让画面整体显得更加自然,如图2-40所示。"自然饱和度"还有一个特点,即对于照片中的蓝色、红色等信息特别敏感。我们提高这张照片的自然饱和度,可以看到蓝色天空的变化特别明显,因此对于风光题材照片来说,"自然饱和度"的调整效果是非常明显的。

"饱和度"的调整则不会区分画面当中不同色彩的饱和度状态,这种调整是针对全图的,一旦提高,那么全图所有色彩的饱和度都会提高,一旦降低,则全图所有色彩的饱和度都会降低,不会针对某一些特定的色彩进行调整,如图2-41所示。

图2-40

图2-41

第三章

ACR中的
色调曲线与
细节调整

本章介绍曲线的相关知识。曲线被很多人称为调色之王，实际上除了调色之外，它还有调整照片亮度的作用。所以，曲线对于亮度与色彩的综合调整功能非常强大。

本章的最后，将介绍ACR工具中细节面板的使用方法，主要针对照片降噪进行介绍。

3.1

曲线使用原理

参数曲线与点曲线

在ACR界面右侧展开"曲线"面板，可以看到，曲线形式主要有两种，一种是参数曲线，如图3-1所示，另一种是点曲线，如图3-2所示。参数曲线非常简单，调整下方的"高光""亮调""暗调"和"阴影"这4个参数，就可以改变曲线的形状，从而实现对照片明暗的调整。

点曲线与Photoshop中的曲线是一样的，主要通过在曲线上单击创建锚点，然后拖动锚点改变曲线形状，实现对照片明暗及色彩的调整。

图3-1   图3-2

在参数曲线与点曲线按钮后方，有红、绿、蓝三原色的三种单色曲线按钮。这三条单色曲线，已经很直观地表示出其所能调整的色彩。以红色曲线为例，可以看到，曲线基准线上方是红色，下方是青色，二者互为互补色，如图3-3所示。绿色曲线上方是绿色，下方是洋红色，二者互为互补色，如图3-4所示。蓝色曲线上方是蓝色，下方是黄色，二者互为互补色，如图3-5所示。这样进行调色操作就显得非常直观，假如要让照片变红，那么最简单的方法是，在红色曲线上单击创建锚点并向上拖动。另外两种色彩的调色也是如此。但实际上，利用曲线调色显然没这么简单，它会涉及其他非常复杂的知识，下面以实际照片调色为例进行详细介绍。

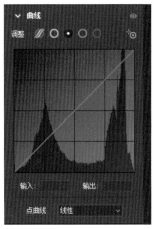

图3-3

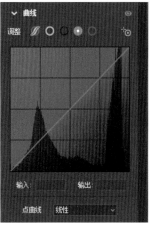

图3-4

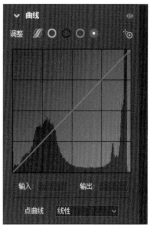

图3-5

对于这张照片，首先切换到红色曲线，向上拖动红色曲线，可以看到照片变红，如图3-6所示。接着，切换到绿色曲线并向上拖动，会发现照片没有变绿，而是变黄了，如图3-7所示。这是因为根据三原色的叠加原理，红色与绿色叠加会变为黄色。继续切换到蓝色曲线并向上拖动，可以看到照片没有变蓝，而是变为了正常色，并且整体亮度变高，如图3-8所示。这同样是依据三原色的叠加原理，红、绿、蓝三原色叠加变为白色。

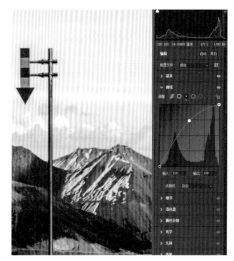

图3-6

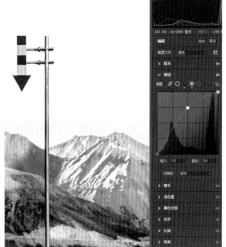

图3-7

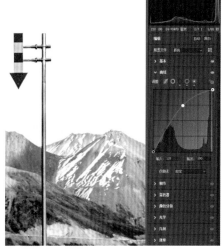

图3-8

加色与减色模式

此时，对比一下照片调整前后的效果，可以看到照片色彩没有发生变化，只是亮度变高，如图3-9所示。这说明如果同时增加这三种颜色，红、绿、蓝三原色会叠加为白色，那么照片就会整体变亮。这其实是后面要讲解的一个知识点——加色模式，即照片都向三原色的方向调整，叠加之后，先不管色彩如何变化，照片整体的亮度都是变高的。相当于我们在夜晚的房间中分别点亮红灯、绿灯和蓝灯，那么整个屋子就会变亮。

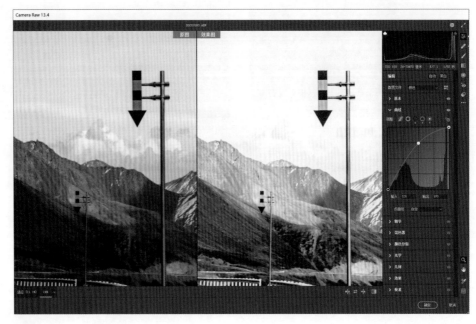

图3-9

下面再来看另外一种调色模式。切换到红色曲线并向下拖动，发现照片变得偏青，如图3-10所示。接着切换到绿色曲线并向下拖动，可以发现照片开始变蓝，如图3-11所示。然后选择蓝色曲线并向下拖动，照片没有变黄，而是变为了正常颜色，如图3-12所示。这说明，如果我们对画面进行调色时，向三原色的补色方向调整，同样可以实现让照片消色的目的，但是会让照片变暗。这是一种减色模式。

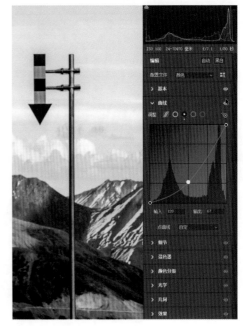

图3-10

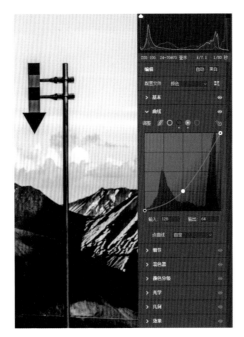

图3-11

图3-12

对比一下照片调整前后的效果，可以看到色彩没有发生根本的偏移，但是画面整体变暗了，如图3-13所示。实际上，我们对于色彩向红、绿、蓝的方向调整，也就是向三原色的方向调整，是一种加色模式（RGB）下的调色方式，即颜色越叠加越亮；而向三原色的补色，也就是青色、洋红色、黄色方向调整，就变为了减色模式，通常称为CMYK。减色模式下调色之后，画面整体会变暗。

所以我们在实际调色时就要注意，如果想让画面中的某种颜色发生改变，而又不想让画面整体的亮度改变，需要使用加色模式与减色模式同时进行调整，这样才能维持照片原有的明暗度，否则可能照片变红了，但是也变亮了。前面章节介绍过，改变照片的色温，画面亮度也会发生变化。

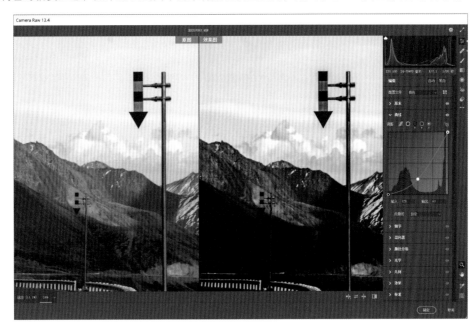

图3-13

3.2
曲线调色的核心知识

对于照片的调色，除了可以通过直接改变某种颜色的色彩曲线来实现，也可以通过改变三原色的另外两种颜色来实现。比如要让这张照片变蓝，那么最简单的方式是切换到蓝色曲线并向上拖动，可以看到照片变蓝了，这是第1种方法，如图3-14所示。

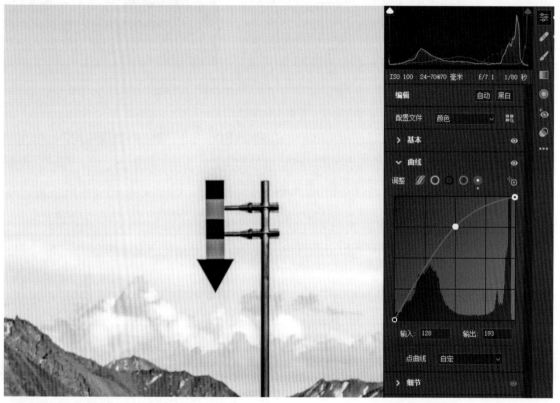

图3-14

第2种方法，可以先切换到红色曲线并向下拖动，如图3-15所示，然后再切换到绿色曲线并向下拖动，此时可以看到，照片也变蓝了，如图3-16所示。所不同的是，第1种方法用的是加色模式，第2种方法用的是减色模式，这两种方法都能让照片向蓝色发生偏移。但是，采用第1种方法时照片会变亮，采用第2种方法时照片会变暗。这里还有一个知识点，比如我们向下拖动红色曲线和绿色曲线让照片变蓝，实际上这种蓝色就相当于没参与调色的颜色的补色。也就是说，我们调整了红色和绿色，但是没有调整蓝色，那么调整的这两种色彩相加之后得到的结果就是第3种没有参与调色的蓝色的补色。

总结一下，我们在调色时，如果想让色彩改变并变亮，那就用RGB的加色模式；如果要让色彩改变并变暗，那就用CMYK的减色模式。在RGB模式下，任意两个原色的补色相加，等于剩下的那个原色。

图3-15

图3-16

3.3

调色容易忽视的高级经验

以上介绍了曲线的调色规律，接下来介绍曲线对于明暗的调整。打开曲线面板之后，曲线默认是一条笔直的斜线，也称为基线。基线自左向右被分为了4格，分别对应的是①阴影、②暗调、③亮调和④高光，如图3-17所示。其中，左侧的第一部分阴影区域对应的就是暗部；第二、三部分分别对应的是偏暗和偏亮的中间调区域；第四部分对应的就是亮部区域。

如果要增强画面的反差，其实非常简单，在曲线的左下方，即阴影区域，单击创建一个锚点并向下拖动，这样就可以对画面暗部进行压暗。然后在曲线的右上方单击创建一个锚点并向上拖动，就可以提亮画面亮部。这样压暗暗部、提亮亮部，就可以生成一条S形曲线，强化画面反差，如图3-18所示。

图3-17

图3-18

如果要只调整高光区域，确保中间调及暗部不发生变化，那么就应该在中间调及阴影区域单击创建锚点，将曲线的左下部分锁住，然后在右上方单击创建一个锚点并向上拖动。可以看到，曲线左下方没有发生太大变化，右上方向上拖动之后，照片的亮部变亮，如图3-19所示。

同样，如果只调整照片的暗部，而不改变中间调及亮部，那就需要锁住曲线的中间调及高光区域，只调整阴影区域。可以看到，调整之后照片只有暗部发生了变化，如图3-20所示。这就是曲线的影调调整功能。

图3-19

图3-20

3.4

细节面板中降噪的技巧

接下来介绍照片的细节调整，这涉及锐化及降噪方面的知识。锐化其实非常简单，即便我们不调整锐化值，保持默认，也没有太大问题。

这里主要介绍一下降噪的相关参数设定及使用方法。降噪主要有两个非常重要的功能，分别是"减少杂色"和"杂色深度减低"，如图3-21所示。无论是长时间的曝光，还是设定高感光度拍摄，画面中都可能会产生大量的噪点，并且这种噪点往往是暗部中更多，亮部没有太多。

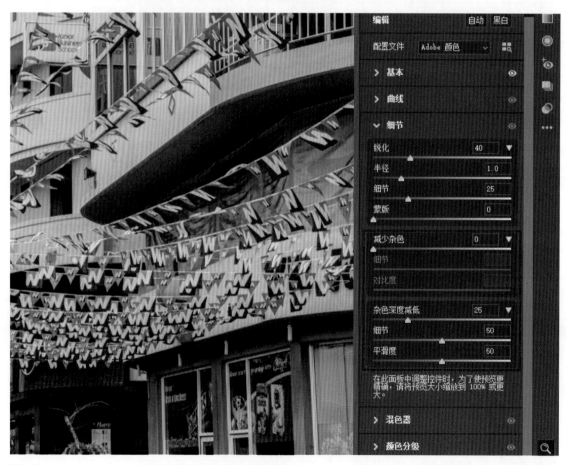

图3-21

打开照片之后进行放大，可以看到照片当中的噪点是非常多的，此时"减少杂色"参数处于最低值0，如图3-22所示。

如果我们将"杂色深度减低"参数降到最低值，就会发现照片中出现了大量的彩色噪点，如红色、绿色等，如图3-23所示。这说明，"杂色深度减低"参数主要用于消除照片中的彩色噪点。

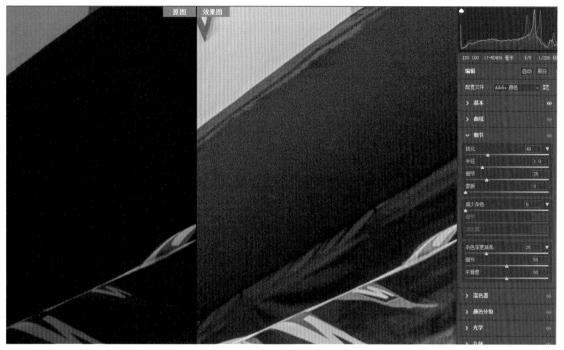

图3-22

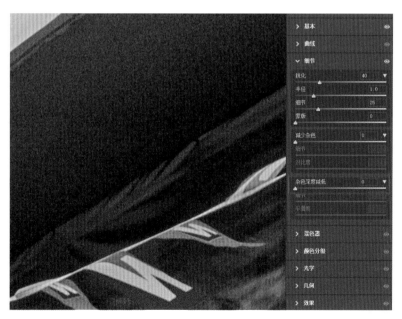

图3-23

再次提高"杂色深度减低"值之后，发现照片中的彩色噪点消失了，只剩下单色噪点，如图3-24所示。

这时大幅度提高"减少杂色"值，可以看到，局部放大的画面中没有任何噪点，如图3-25所示。当然，相应地也会出现其他问题，照片原有的锐度和质感也消失了。这说明，如果"减少杂色"参数值过大，虽然会抹掉噪点，但同时也会抹掉一些正常的像素，这是不合理的。

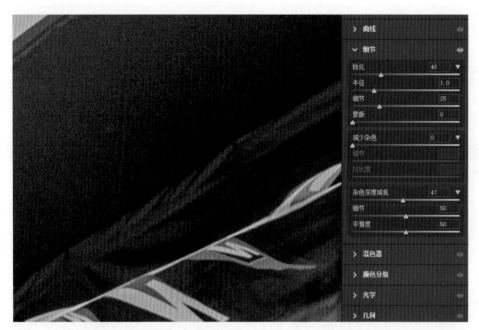

图3-24

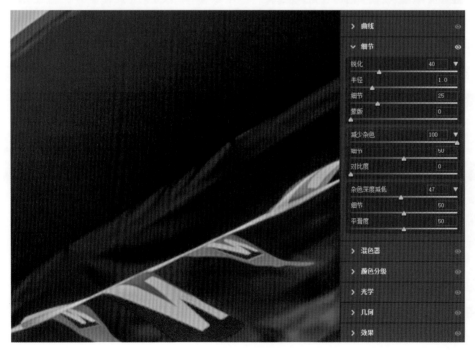

图3-25

所以在降噪时，我们往往要将"减少杂色"参数调到一个适度的值，让画面在锐度和噪点中取得平衡，如图3-26所示。至于"杂色深度减低"参数，也不是越高越好，如果提得过高，照片中一些原本正常的色彩会变得黯淡甚至消失，所以要调整到适度，调整时要观察照片画面的变化。

在"细节"面板中，"减少杂色"与"杂色深度减低"是两个最重要的参数，大多数情况下只调整这两个参数就可以了。另外，该面板中还有一个"细节"参数，这个"细节"参数其实与上方的"锐化"参数有些相

似。提高"细节"参数值，会对照片一些非常细微的像素进行锐化，让画面的锐度变高，相应地也会产生一些噪点，如图3-27所示。所以无论调不调整"细节"参数，在降噪的过程中都没有太大变化。至于"对比度"以及"平滑度"参数，一般情况下保持默认即可。

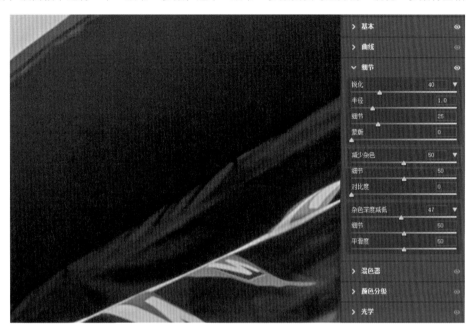

图3-26

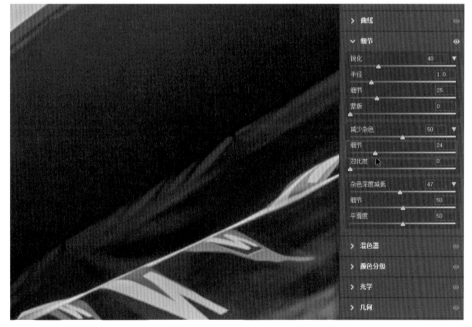

图3-27

第四章

ACR中的混色器与颜色分级

本章介绍如何借助于混色器与颜色分级功能对照片进行调色。混色器，即ACR 12.3及之前版本的HSL调整；颜色分级，即ACR12.3及之前版本的分离色调。

4.1

混色器面板的使用技巧

混色器面板设定

在ACR中，混色器主要的功能就是调色。切换到"混色器"面板，可以看到默认选中的是HSL调整，"HSL"分别对应的是照片的色相、饱和度和明亮度。H对应的是"色相"（Hue），如图4-1所示；S对应的是"饱和度"（Saturation），如图4-2所示；L对应的是"明亮度"（Lightness），如图4-3所示。在每一项调整下方，都有"红色""橙色"等多种颜色调整选项，拖动某个颜色滑块可以改变该颜色的对应参数。

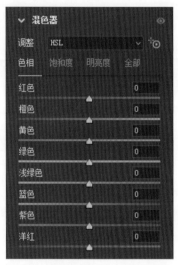

图4-1

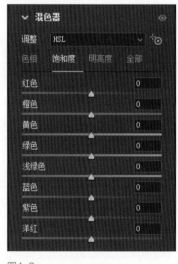

图4-2

图4-3

在色彩三要素（即色相、饱和度及明亮度）调整选项右侧有一个"全部"选项，单击该选项可以将色彩的三个要素全部展开，这样调整起来就非常直观，如图4-4所示。

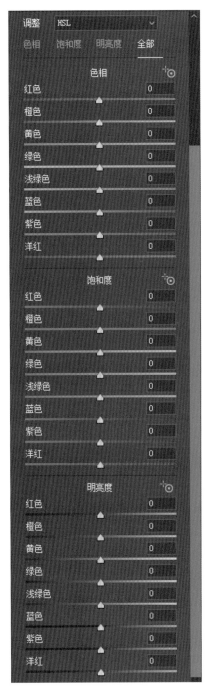

图4-4

参数调整与目标调整工具调整

在具体调整时，第1种方法是直接拖动相应色彩的滑块进行色彩调整。

另外，还有第2种方法，这种方法更简单、直观。可以看到，在每一个调整选项右侧都有一个小图标，这个图标称为目标调整工具，如图4-5所示。单击选择目标调整工具①，选择要调整的选项②，然后将鼠标移动到照片中要调整的位置上，按住鼠标左键左右拖动③，就可以改变我们想要调整的项目。

比如，单击选择目标调整工具后，切换到"饱和度"面板，然后在图片中的天空区域按住鼠标左键向右拖动，可以看到蓝色的饱和度变高，青色的饱和度也变高，这是因为天空中既包含蓝色，也包含青色。调整后，蓝色天空显得更加纯正、厚重，如图4-5所示。同样，向左拖动鼠标则可以降低这些色彩的饱和度。

图4-5

另外，选择目标调整工具之后，在画面中单击鼠标右键，在弹出的快捷菜单中也可以选择调整项，如图4-6所示。

对于这张照片的天空部分，选择"色相"调整①，然后按住鼠标左键稍稍向左拖动②，可以看到天空颜色变青，青色会让整个天空区域显得轻盈一些，比较纯净，如图4-7所示。

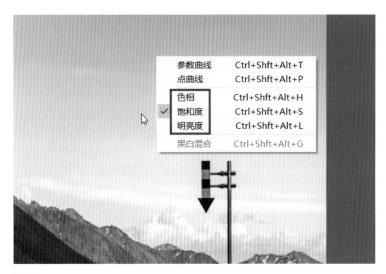

图4-6

图4-7

这张照片的山体部分可以稍稍变红一些。设定"色相"调整之后,将鼠标移动到山体上,并按住鼠标左键稍稍向左拖动,让黄色向橙色和红色方向偏移一些,这样山体会更暖一些,如图4-8所示。

天空的明亮度还需要一些调整。这里切换到"明亮度"子面板①,在天空位置按住鼠标左键向左拖动②,适当降低天空明亮度,让天空显得更厚重,如图4-9所示。

图4-8

图4-9

之前已经介绍过，调整每一个区域的颜色时，变化的颜色参数可能不止一项。比如调整天空时，蓝色与青色都发生了变化。这是因为在照片中我们看到的每一种颜色都不是单一的纯色，而是几种色彩的混合。同理，调整山体时，会发现橙色、黄色等颜色会发生变化。混色器就是我们对于照片色彩风格、色彩纯净度进行调整最有力的工具。

对于这张照片来说，调整后山体区域的色彩饱和度比较高，因此我们可以切换到"饱和度"子面板，降低与山体对应的红色及橙色的饱和度，如图4-10所示。（当然，也可以使用目标选择工具，利用右键菜单选择"饱和度"命令后，直接点住山体部分向左拖动进行饱和度的降低。）

如果感觉天空部分的色彩不太理想，还可以再次微调"色相"等参数，让画面色彩更符合自己想要的效果，如图4-11所示。

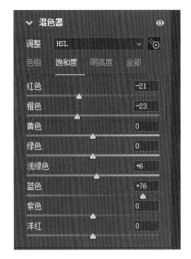

图4-10

图4-11

4.2

颜色分级

颜色分级，是指对画面中的高光、中间调和阴影进行划分，然后分别对这三个部分渲染不同的色彩，从而实现调色的目的。

进入"颜色分级"面板中，可以看到默认有"中间调""阴影"和"高光"三个色盘，如图4-12所示。调整时，在相应的色盘中按住鼠标左键拖动，就可以改变色彩的三个要素。色盘中间的点对应的是"饱和度"调整选项，色盘外侧的点对应的是"色相"调整选项。中间的点在圆心时，表示色彩饱和度为0，是没有颜色的，那么无论我们怎样调整外侧的点，由于饱和度为0，这种调整都是不起作用的。只有改变中间的点（饱和度）的位置，才会对画面渲染特定的色彩。中间的点越靠近外侧，所选中色彩的饱和度会越高。

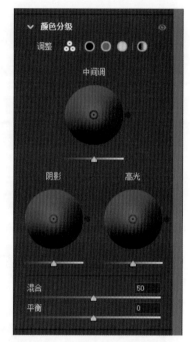

图4-12

例如对于这张照片，首先选中"中间调"色盘外侧的点，将其拖动到红色，然后将色盘中间的点向外侧拖动，即提高它的饱和度，可以看到画面的中间调区域整体变红，从上方的参数当中也可以看到"色相"发生了变化，"饱和度"也发生了变化，如图4-13所示。

在色盘的下方有一个渐变条，用于调整所选颜色的明亮度，向右拖动表示提高明亮度，反之，向左表示降低明亮度。这里将明亮度提到最高，可以看到效果如图4-14所示。

图4-13

图4-14

下面对这张照片进行具体调整。在调整前，先将前面调整的"中间调"复原。对于照片的阴影部分，往往要渲染偏冷的色彩，如果渲染暖色调那就不正常了。因此，首先将"阴影"色盘外侧的点定位到冷蓝色调的位置，然后稍稍提高饱和度，如图4-15所示。如果饱和度提得过高，那么暗部会过度偏蓝。

照片的高光部分，一般来说，受太阳光线的影响会偏暖一些，因此给它调到橙色调，饱和度同样是稍稍提高一点点。可以看到，这样画面整体无论是阴影还是高光部分效果都还可以，中间调这里没有进行调整，如图4-16所示。

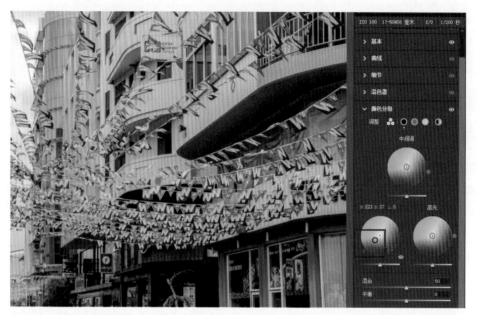

图4-15

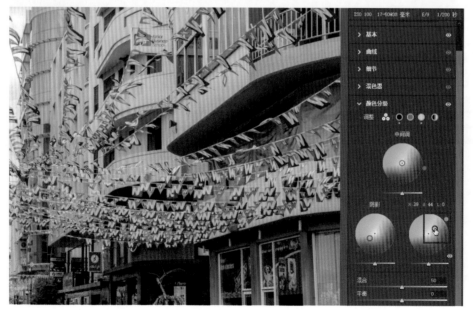

图4-16

在三个色盘下方还有"混合"与"平衡"两个选项，"混合"主要是指阴影与高光部分调色的混合程度高低，混合度越高，那么色彩的过渡变化会越柔和；反之，色彩的区分度会非常明显，如图4-17所示。

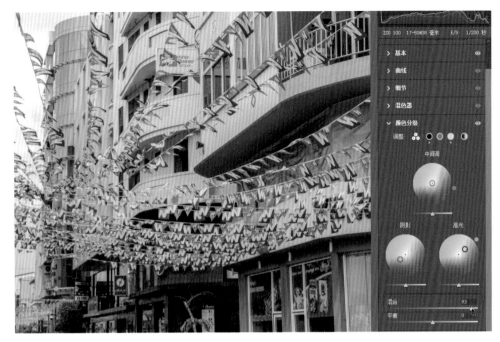

图4-17

对于画面的暗部，如果要进行调整，往往会渲染冷色调。单击选中"阴影"选项后，在下方的参数中确定冷色色相，然后提高饱和度的值，如图4-18所示，这样即可暗部部分渲染上冷色调。对于画面的亮部，如果要进行调整，往往会渲染暖一些的色调。具体操作时，单击选中"高光"选项，在下方的参数中确定暖色色相，然后提高饱和度的值，如图4-19所示，这样即可为亮部渲染上暖色调。

我们分别对阴影和高光进行调整后，可以通过改变"平衡"的值来确定高光和阴影的范围大小，比如将"平衡"滑块向右移，则更多的区域被视为高光，加上了暖色调；将滑块向左移，则更多的区域被视为阴影，加上冷色调。

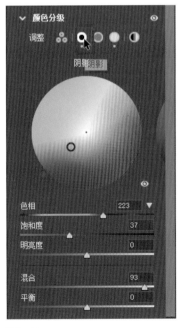

图4-18

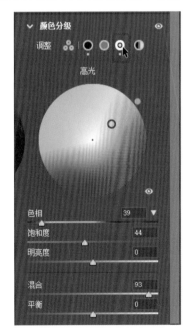

图4-19

第五章

ACR中的 光学、几何、 效果与校准面板

本章介绍ACR中的"光学""几何""效果"与 "校准"面板的功能特性,以及如何正确使用 这些面板及功能。

5.1

光学面板

"光学"面板中有两个主要的参数，分别为"删除色差"和"使用配置文件校正"，如图5-1所示。"删除色差"主要用于消除照片中的彩边，如绿边和紫边等；而"使用配置文件校正"则主要用于对照片的暗角、几何畸变等进行调整，往往需要借助于镜头配置文件来实现。

图5-1

对于一般照片来说，如果看到四周有一些暗角，勾选"使用配置文件校正"复选框，基本上就可以将暗角消除掉。

如果我们同时勾选"删除色差"复选框，那么一些明暗高反差边缘的紫边也会被消除掉。如果消除不彻底，往往就需要在下方的"去边"这组参数中进行手动消除。当然，也可以直接在上方切换到"手动"子面板进行消除。

具体操作时，先设定色差（彩边）所在的色彩区间，通过"紫色色相"（或"绿色色相"）色条上的两个滑块来进行界定，然后提高数量值就可以消除掉。

本例中，可以看到左图高反差边缘有些偏紫的彩边，勾选"删除色差"后，这种彩边便被消除掉了，如图5-2所示。

单独讲一下，这里所说的色差，主要出现在照片中景物明暗高反差过渡位置的边缘线条上，这是因为镜头在这些位置的成像是有散射颜色的，会导致产生绿色或紫色的彩边，通过删除色差就可以进行消除。

需要注意的是，勾选"使用配置文件校正"复选框后，不仅可以修复照片的暗角，对于照片四周的一些几何畸变，也有很好的修复效果。从对比图可以看出，原图中的一些几何畸变，也被修复到了比较规整的程度，如图5-3所示。

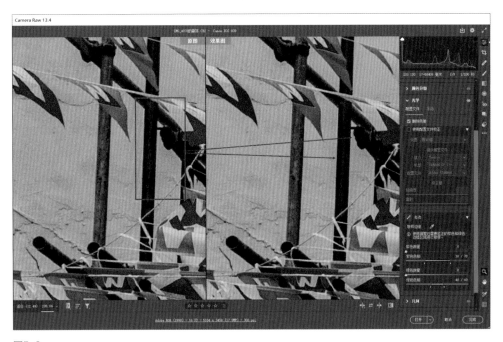

图5-2

图5-3

5.2
几何面板

"几何"面板主要用于校正照片中的一些水平及竖直方向的变形。对于这张照片来说，它的主要问题是竖直方向的问题，有一些建筑，尤其是四周的一些建筑线条出现了明显的倾斜。校正时，直接单击"竖直线校正"选项按钮，可以看到，画面中的竖直线条就被校正了。从画面右下角建筑的竖直线条可以看到非常明显的变化，如图5-4所示。有时我们可能需要校正画面中的水平线，或者需要同时校正水平与竖直线，在"几何"面板中直接单击相应的选项按钮即可。

图5-4

5.3

效果面板

"效果"面板主要用于为照片添加一些颗粒，从而增加一种胶片的质感；也可以为照片添加暗角或消除暗角，如图5-5所示。比如，向左拖动"晕影"滑块，就是为照片添加暗角，向右拖动"晕影"滑块，则消除暗角。如果继续向右拖动，可能会让照片四周加上白色的亮角。

图5-5

对于这张照片来说，我们没有必要增加或消除暗角，因为我们之前已经消除了照片的暗角。这里可以适当地增加一些颗粒感，从而让照片更有质感，如图5-6所示。当然，颗粒不宜加得过多，否则会影响画面的锐度。

图5-6

5.4

校准面板

"校准"面板也是一个用于调色的面板，默认的版本是第5版，下方有 "阴影""红原色""绿原色"和"蓝原色"4组参数。其中，"阴影"我们一般不做调整，主要调整下方的三种原色，每一种原色又可以调整"色相"与"饱和度"两个参数，如图5-7所示。

图5-7

"红原色"的"色相"条左侧有一些偏洋红，中间位置是比较正常的红色，右侧则偏橙色。如果向右拖动"红原色"的"色相"滑块，那么照片中的红色系景物会向橙黄色偏移，而原本红色的补色，即青色，则会向橙黄色的补色蓝色偏移。可以看到，当将"红原色"的"色相"滑块向右拖动调整至最高时，画面整体发生了很大变化。其实不单是红色向黄色偏移，与红色系相关的一些色彩都会向黄色偏移，而它们的补色也都会向蓝色偏移，这样可以很快地统一画面色调，让画面变为只有黄色与蓝色两种主要的色系，如图5-8所示。

图5-8

接下来将"红原色"复位，来看下方的"绿原色"。"绿原色"的"色相"条左侧是黄色，中间是绿色，右侧是青色。将"绿原色"的"色相"滑块向右拖动调整至最高时，可以看到冷色系如蓝色等都会向青绿色偏移，暖色系颜色都会向青色的补色即红色偏移，如图5-9所示。

至于"蓝原色"，对于这张照片来说调整得非常少，对于一些自然风光摄影中蓝色天空、绿色植物比较多的画面，可能更适合于调整蓝原色。调整的思路前面已经讲过了，这里就不再赘述。

有关于色彩的变化，借助于照片讲解可能不是很直观，所以这里提供了一张色轮图，我们可以通过色轮图中色彩的变化来进行观察。首先打开色轮图，如图5-10所示，然后通过旋转将红色调整到正上方的位置，它的补色，即青色位于正下方，如图5-11所示。

图5-9

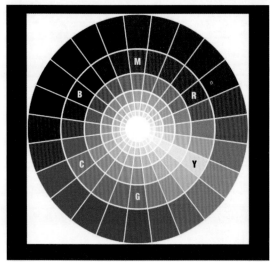

图5-10

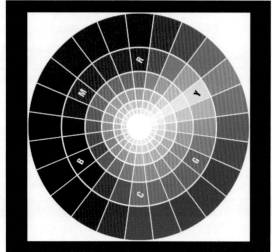

图5-11

此时将图片在ACR中打开，然后将"红原色"的"色相"向黄色方向调整，即向右拖动"色相"滑块。可以看到之前的红色区域，无论是正常的红色，还是洋红色、紫色等都向黄色方向偏移，即色轮的上半部分基本都变为了黄色；而它们的补色则统一向蓝色方向偏移，这样就快速统一了画面的色彩，如图5-12所示。

将调整前后的两个色轮图放到一起进行对比，可以看到左侧调整之前的色彩比较繁杂、多样化，而右侧色彩则统一为黄色、蓝色两种主要的色调，如图5-13所示。当然也会有一些杂色，但是无伤大雅。这是当前自然风光摄影中一些摄影师进行快速修图的一种主要思路，即通过原色调整来快速统一画面色调，让画面色彩变得干净，不再杂乱。

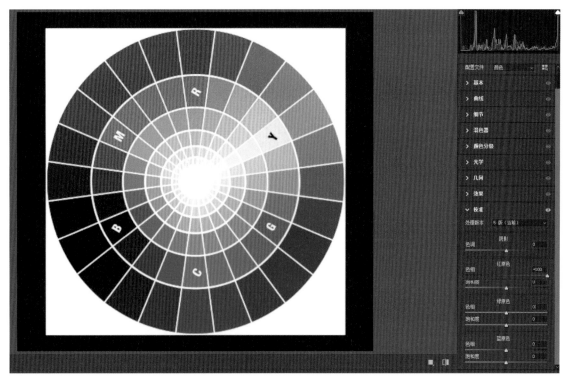

图5-12

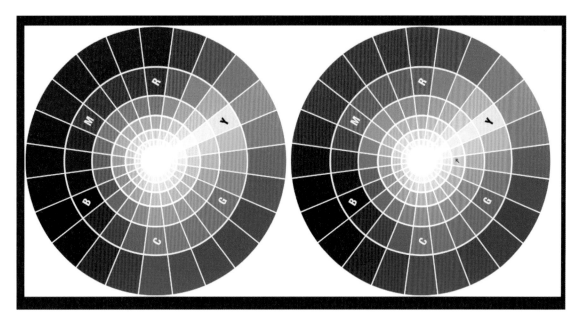

图5-13

CHAPTER —————— SIX

第六章

ACR中的
重要工具

本章介绍ACR当中非常重要的几款工具，主要有
"画笔""渐变滤镜""径向滤镜"，另外还
会介绍ACR"预设"的使用技巧。

6.1

画笔

"画笔"工具位于ACR界面右侧的工具栏中，使用时，直接单击选中画笔即可。这时可以看到下方的参数面板当中出现了画笔的参数，这些参数与我们之前介绍的影调偏好及色彩参数相差不大，如图6-1所示。下面进行具体介绍。

图6-1

选中"画笔"之后，画笔笔触变为了圆形，且有内外两个圆环。内侧实心圆环中是调整区域，可实现100%的调整。实心环与外侧的虚线环中间的区域为调整的过渡区域，可以使调整有一个非常自然的过渡。虚线环之外的区域为非调整区域。

对于这张照片来说，我们要提高山体的亮度，首先提高曝光值，然后在山体上按住鼠标左键拖动涂抹即可，如图6-2所示。

图6-2

在涂抹的过程中，可以根据涂抹区域的大小改变画
笔直径的大小。具体操作是在英文输入法状态下，
按键盘上的左中括号键（[）或右中括号键（]）。此
时，还想要将画面右下角的沙土区域提亮，可以改
变画笔直径，然后在右下角涂抹，如图6-3所示。

图6-3

对于山体区域，我们还想让它偏红一些，因此提高了色调值。仅提高曝光值，涂抹区域会有些发灰的感觉，因此提高了对比度值，降低了阴影值、黑色值，这样可以让山体部分的反差增大。涂抹之后，可以看到山体整体变红了一些，如图6-4所示。

涂抹完成后，也可以在确保涂抹标记（即红色圆点）处于激活状态时更改参数，这样可以改变涂抹的效果。

图6-4

对于公路区域，我们想要调整的效果与山体是不同的，因此需要使用另外一支画笔。

如图6-5所示，在参数面板上方单击加号按钮①，新建一支画笔。然后按住鼠标右键向左拖动，缩小画笔直径的大小，也可以在英文输入法状态下，按左中括号键（ [）缩小画笔直径。然后稍稍降低曝光值，提高对比度、纹理与清晰度②。在公路路面上涂抹，可以改变公路的状态③。

图6-5

除上述介绍的画笔功能之外，这里还要注意参数面板中的一些其他功能设定，如图6-6所示。

①如果我们涂抹得不准确，要取消涂抹区域当中的一部分，那么可以在参数面板上方选择橡皮擦工具，它用于擦除选区中不想要的区域。

②可以调整画笔的一些参数，如"大小""羽化""流动"和"浓度"等。"大小"指画笔的笔触大小，之前已经介绍过调整画笔直径的方法。"羽化"是指画笔中间的实心圆与外侧的虚线圆之间的距离。羽化值越大，涂抹区域与非涂抹区域过渡越自然柔和。如果将羽化值降为0，那么就没有羽化，涂抹的将会是一个边缘非常整齐、没有过渡的区域。"流动"和"浓度"主要用于控制画笔的强度。一般来说，"流动"和"浓度"值要设得稍大一点。

图6-6

③"叠加"主要用于显示我们涂抹之后的画笔标记，画笔处于激活状态时，标记点是红色的，如果新建另外一支画笔，那么这个标记点就会变为灰色。默认状态下，"叠加"复选框处于勾选状态。如果取消勾选"叠加"复选框，那么画笔的标记也不再显示。

④另外还有"蒙版选项"，它用于以特定颜色显示我们所涂抹的区域，勾选之后，我们所涂抹的区域就会以设定的颜色来进行标记，取消之后则不显示颜色，只显示调整的实际效果。

⑤单击"恢复初始状态"按钮之后，参数都会归零或归为默认状态。

6.2

渐变滤镜

"画笔"工具主要用于涂抹一些不规则的区域，如公路的路面、局部的山体等，它非常灵活。"渐变滤镜"则主要用于改变比较大片区域的明暗或者色彩，其参数的调整等内容与"画笔"工具基本相同。下面依然通过这张照片的调整来介绍渐变滤镜的用法。

首先，将天空区域压暗，如图6-7所示。

①在工具栏中单击选中"渐变滤镜"。

②在下方单击"复位"按钮，将参数归0。

③然后在照片中的天空区域由上向下拖动，制作一个渐变区域。可以看到，绿色虚线以上的区域为100%调整区域，红色虚线以下的区域是完全不调整的区域，绿色虚线与红色虚线之间的区域则是调整的过渡区域，可以让我们的调整效果更加自然。

④拖动后，在右侧的参数面板中设定调整参数，这里降低曝光值和黑色值，提高对比度值。这样做的目的是压暗整体，并且通过提高对比度与降低黑色，让调整后的影调显得非常自然。制作渐变之后，可以看到天空被压暗，并且压暗的效果过渡非常自然。

"渐变滤镜"有一个比较好的功能是用于制作暗角，它与ACR中的"效果"功能制作暗角的方法是不同的。通过"效果"制作暗角，画面四周的暗角效果是非常均匀的，一些原本有暗角的区域也会被再次压暗。通过"渐变滤镜"制作暗角，由画面之外向内拖动制作渐变，可以根据实际情况，对一些区域进行大幅度压暗，对另外一些区域进行轻度压暗。比如这张照片中，右侧这一片没有太大意义的沙土区域，就可以进行大幅度的压暗操作，而左侧的路面区域，压暗的幅度就可以小一些。从我们拖动的渐变线也可以看到，左侧少一些，右侧多一些，如图6-8所示。

具体操作时，①适当降低曝光值、提高对比度值、降低黑色值，②~⑥从画面四周边缘向内拖动制作渐变。

这样右侧压暗的幅度就会更大，效果也更明显。

图6-7

图6-8

6.3

径向滤镜

其实我们学过"画笔"工具、"渐变滤镜"之后，对于"径向滤镜"，也基本能够掌握。它与前两者的区别在于，"径向滤镜"可调整的区域是椭圆或圆形的区域，通常用于在风光照片中制作一些光线效果。因为径向区域中心的调整幅度最大，向四周扩展幅度变小，如果我们大幅度提高曝光值，可以模拟出光照的效果。

对于这张照片，首先选中径向滤镜①，然后在山体处拖动，制作出一个椭圆②，然后降低曝光值、提高对比度值、降低黑色值③。调整后可以看到山体的中间区域，即被椭圆包裹起来的区域，整体会变暗一些，它调整的是选区以内的部分，如图6-9所示。

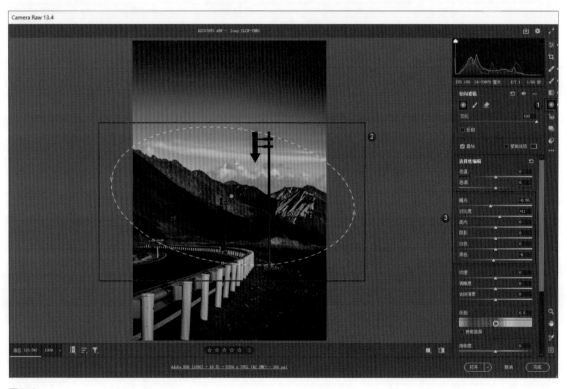

图6-9

这里要注意一个功能，即参数面板上方的"反相"复选框，如果勾选"反相"复选框，那么调整区域就变为径向选区之外的区域，而径向圆以内的区域则不进行调整，如图6-10所示。

图6-10

6.4

预设

ACR的"预设"工具，可以在一定程度上替代大量
的人工手动操作，提高工作效率。它可以快速复制
我们对某些照片的调整效果，将一系列照片快速应
用某一张照片的预设，实现提高效率的目的。下面
通过具体操作来介绍。

如图6-11所示，在工具栏中单击选中"预设"工
具①，打开"预设"面板。在其中有几个区域的内
容，图中的②区域是软件自带的预设，有人像、风
格、主题等不同类型的预设。在修片时，如果没有
很好的思路，可以直接单击展开预设的折叠菜单，
选择特定的预设，实现照片的快速调整。图中的
③区域是第三方预设及摄影师自己制作的一些预
设。这里看到的就是我从网络上下载的一些第三方
预设，这些预设很多都是免费的，可以直接下载
使用。

图6-11

对于这张照片，这里主要介绍一下如何自己制作预设。我们之前已经对这张照片进行过整体的调整，影调和
色彩都有变化。如果在这个区域拍摄了大量的照片，通常情况下，我们可以先选出一张照片来进行调整，调
整完毕之后，将对这张照片的处理过程制作成预设，然后使用这个预设快速实现对其他照片的批量调整。

具体调整方法如图6-12所示，进入"预设"面板之后，在上方单击"创建预设"按钮①，打开"创建预设"
对话框。在其中，首先取消勾选"几何""局部调整"复选框②，因为每张照片要进行局部调整的区域是
不同的。像这张照片，我们调整了公路、山体，但是在另外的一些照片中，可能公路、山体就不需要进行调
整。接下来为我们创建的预设进行命名，这里设定"名称"为"风景调色"③，设定好之后直接单击"确
定"按钮④，这样就制作好了一个预设。

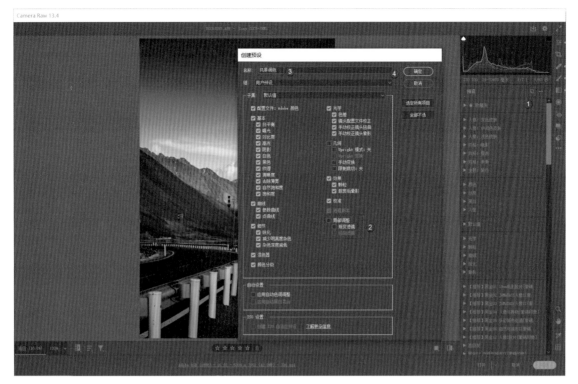

图6-12

制作好的预设会显示在预设列表的最
下方，如图6-13所示。对于其他同类
型的大量照片，我们可以同时在ACR
中打开，全部选中之后切换到"预设"面
板，直接选择"风景调色"预设。这
样，对于这些照片的影调与色彩就进行
了初步的批量调整，非常高效，并且整
组照片的风格和影调、色彩等都非常统
一和协调。

图6-13

第七章

Photoshop 修复类工具的 使用技巧

本章介绍Photoshop中主要瑕疵修复工具的功能设定及使用方法。

7.1

瑕疵修复工具

下面介绍用于对照片进行污点瑕疵修复的系列工具，这些工具主要包括"污点修复画笔工具""修复画笔工具""修补工具"和"内容感知移动工具"等。具体使用时，在污点修复画笔工具组图标上长按鼠标左键，或在图标上单击鼠标右键，就会弹出污点修复画笔工具组，然后可以在其中选择想要使用的工具，如图7-1所示。

当前新版本的Photoshop比较智能，如果不熟悉某个工具的使用方法，那么可以将鼠标停留在这个工具上，等待一段时间，软件会自动以小动画的形式展示出这个功能的使用方法，非常直观，如图7-2所示。

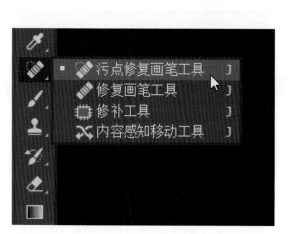

图7-1

图7-2

7.2

污点修复画笔工具

首先，在Photoshop中打开照片，可以看到，人物面部有一些需要修复的瑕疵，具体包括黑头、暗斑等，如图7-3所示。借助于Photoshop中的各种修复类工具，可以对照片中人物的肤质进行精修。

图7-3

"污点修复画笔工具"比较简单，具体使用时，先选中该工具①，然后将鼠标移动到要修复的瑕疵上，将光标直径设定得稍大于所要修复的瑕疵面积，然后单击鼠标左键②，就可以将瑕疵修复掉，如图7-4所示。

这个功能的原理是以瑕疵周边的正常像素来模拟和填充瑕疵区域，从而得到比较理想的修复效果。所以需要将光标直径设定为大于瑕疵区域，这样周边的正常像素才能进行准确的模拟和填充。

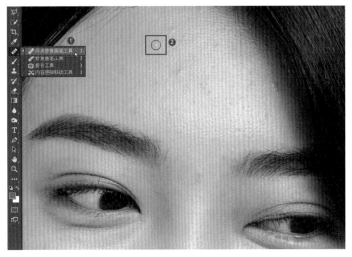

图7-4

7.3

修复画笔工具

接下来介绍"修复画笔工具"。"修复画笔工具"也是用污点周边的正常像素来填充和修复污点区域，但是它需要在使用之前先将鼠标移动到污点周边的正常区域。

首先选择"修复画笔工具"①，按住Alt键并在污点周边的正常区域单击鼠标左键进行取样②，如图7-5所示。松开鼠标，再将鼠标移动到污点上单击。这样就能以我们取样位置的正常像素来模拟和填充污点区域。在填充过程中，软件会进行智能计算，填充的像素是通过对取样位置的像素进行模拟和计算得到的，会有一些变化，所以填充像素不会与取样位置完全一样，画面整体看起来效果会比较自然，如图7-6所示。这种填充的操作是可以在其他图层上进行的，不一定非得在原图层上修改原像素。

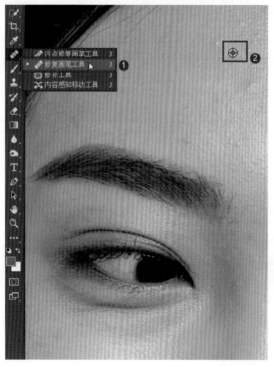

图7-5

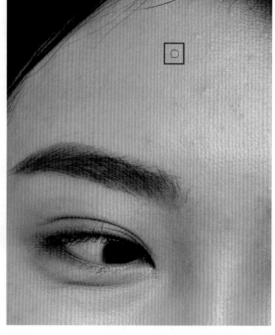

图7-6

7.4

仿制图章工具

在介绍"修补工具"之前，首先介绍一下"仿制图章工具"。我们学会了使用"修复画笔工具"，对于下方的"仿制图章工具"，也就基本上掌握了它的使用方法。"仿制图章工具"会完整地复制取样点位置的正常像素直接盖住污点，修复位置和取样位置的纹理与像素是完全一样的，所以有时看起来不是那么自然，修复的痕迹特别重。前面说过，"修复画笔工具"会对取样位置的像素进行计算与模拟之后再填充污点区域，两个区域是有一定的差别的，整体效果看起来更加自然。

"仿制图章工具"有一个功能是可以调整不同的使用模式。选择"仿制图章工具"①，如果要让遮挡的污点区域整体变亮或变暗，那么可以在上方的"模式"菜单中选择"变暗"②，如图7-7所示。当然，它与"修复画笔工具"一样，也是可以设定不透明度和流量的。

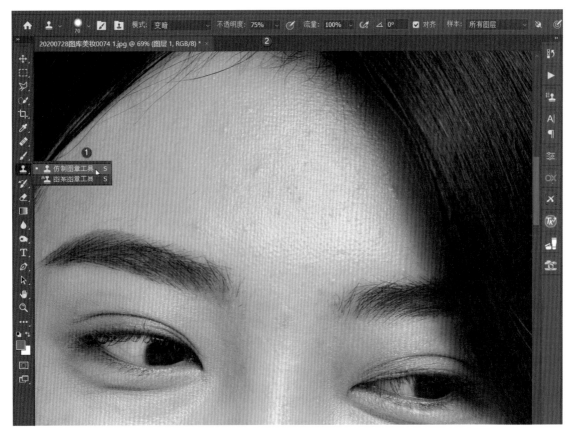

图7-7

7.5
修补工具

接下来介绍"修补工具","修补工具"的使用方法非常简单,所实现的效果也是比较自然的。选择"修补工具"①,拖动鼠标将污点圈选出来②,如图7-8所示。然后将鼠标移动到污点区域,按住鼠标左键选中这个选区并将其拖动到污点周边的正常像素区域。松开鼠标,软件就会用周边的正常像素来模拟和填充污点区域的像素,从而得到比较自然的效果,如图7-9所示。最后,按Ctrl+D组合键取消选区,从而完成瑕疵的修复。

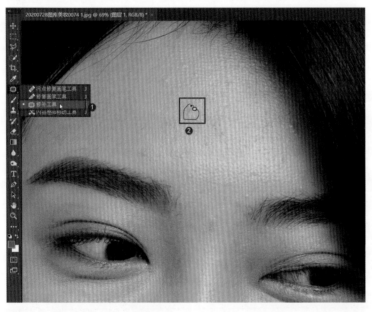

图7-8

图7-9

至于最下方的"内容感知移动工具",因为相对来说使用得比较少,这里就不再单独介绍。

这里给大家推荐一款硬件工具,如果进行专业的商业人像后期处理,建议大家使用手绘笔。手绘笔操作熟练以后,能够大幅提高工作效率。因为我们进行瑕疵修复时,需要频繁地使用鼠标与键盘调整笔触的大小、流量等,使用手绘笔则可以更好地控制轻重,使修复效果更好。

另外,在选中各种修复工具之后,如果要调整工具的画笔直径大小,可以在英文输入法状态下,通过按键盘上的左中括号键或右中括号键进行调整,也可以在上方的参数栏中打开画笔参数面板进行调整,还可以直接在画面中单击鼠标右键,在弹出的面板中调整大小。

7.6

案例：修复画笔工具与仿制图章工具的适用场景

下面通过对一张照片的瑕疵修复来介绍不同修复工具的使用方法及适合的场景，按键盘上的Ctrl+J组合键，复制一个图层，如图7-10所示。

在这张照片中，人物本身的皮肤效果，无论肤质、肤色都是比较理想的，但放大照片之后，可以看到人物额头上有很多瑕疵需要进行修复。对于这些小的疙瘩，使用"修复画笔工具"进行修复是比较理想的，如图7-11所示。

图7-10

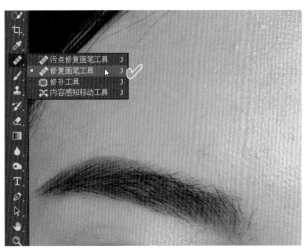

图7-11

选择"修复画笔工具"①，将光标移动到污点周边单击进行取样②，然后松开鼠标，再将光标移动到污点处单击，就可以将污点很好地修掉。可以看到，之前额头部位一些比较大的疙瘩已经被非常完美地修掉了，没有一点痕迹。当然，我们取样的位置最好离污点近一些，这样两者的明暗色彩及纹理都会相差不大，修复效果更理想。如果距离过远，那么修复效果可能会失真。经过多次修复，我们就将额头部位的一些污点修掉了。可以看到，整个额头部分没有大的瑕疵和污点了，修复效果还是比较理想的，如图7-12所示。

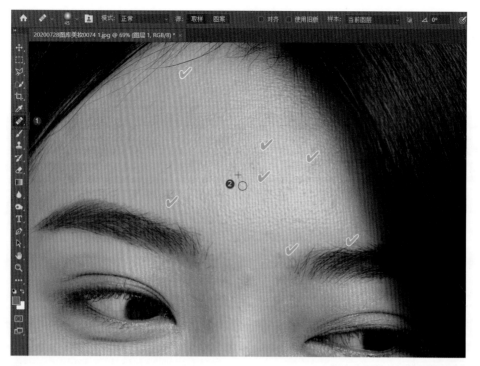

图7-12

仔细观察会发现，额头部分没有大的瑕疵和污点了，但是皮肤因为凹凸不平的纹理，有一些比较硬的反光，会导致整个额头的皮肤显得不是那么平滑，如图7-13所示，这时就可以使用"仿制图章工具"进行修复。首先，在"图层"面板下方单击"创建空白图层"按钮，这样就创建了一个空白图层，如图7-14所示。

图7-13

图7-14

这时选择①"仿制图章工具"，②然后在上方选项栏右侧的"样本"列表中选择"当前和下方图层"选项，如图7-15所示。因为当前新建的是一个空白图层，但要修复的是中间的图层。我们在空白图层上进行修复，有个好处就是可以不破坏原图的像素和内容。这里我们选中了"当前和下方图层"，即我们所修复的区域会影响到下方图层，这是比较理想的，这也是"仿制图章工具"的一个优势，它可以不破坏原始图层。

③设定柔性画笔，然后④将"不透明度"设定为"39%"，"流量"设定为"48%"，即相对低一些，不要太高。⑤在反光比较严重的额头部分，按住Alt键单击取样，然后松开鼠标，在要修复的位置单击进行修复。这项操作需要反复取样，然后进行修复。这样，就可以将一些高反光的位置进行柔化，如图7-15所示。

对比修复前后的效果，可以看到，修复后照片额头部分的皮肤显得更加柔和、光滑，如图7-16和图7-17所示。

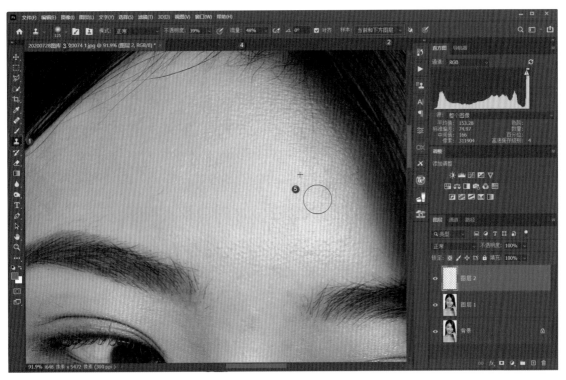

图7-15

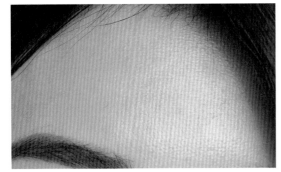

图7-16

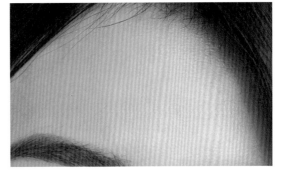

图7-17

7.7

案例：污点修复画笔的适用场景

接下来介绍"污点修复画笔工具"的一些特殊使用场景。对于人物精修来说，可能会有一些碎发的方向、亮度破坏了原有头发的质感、纹理，如图7-18①所示。这时就需要对它们进行修饰。先在"图层"面板中选择"图层1"②，然后选择"污点修复画笔工具"③，将画笔直径调整得稍微小一些。

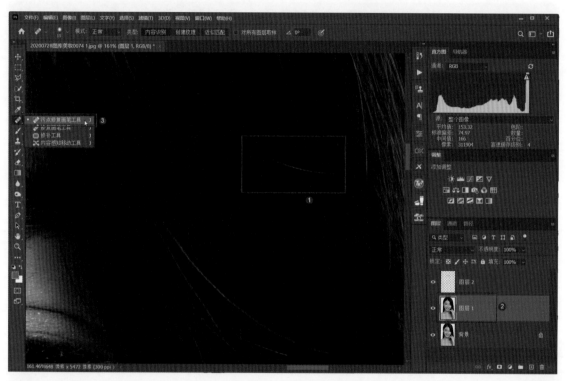

图7-18

按住鼠标左键在杂乱的头发上进行拖动涂抹，如图7-19所示。松开鼠标，可以看到杂乱的头发被很好地修复了，头发整体显得非常有秩序感，非常干净，如图7-20所示。这是"污点修复画笔工具"的使用方法和适用场景。

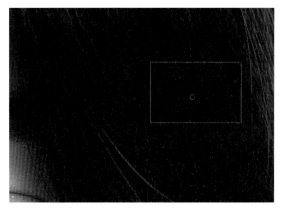

图7-19

图7-20

对于这张人像照片来说，仔细观察，还会发现眉毛的周边有一些比较琐碎杂乱的汗毛，影响了画面的整体效果，需要进行修复。这时依然可以使用"修复画笔工具"进行修复。首先，在"图层"面板中单击选中上方的空白图层①，然后选择"修复画笔工具"②，在上方选项栏中的"样本"列表中选择"当前和下方图层"③，如图7-21所示。这样，我们就会在当前的空白图层上进行修复，但是修复的内容是下方的重点图层。

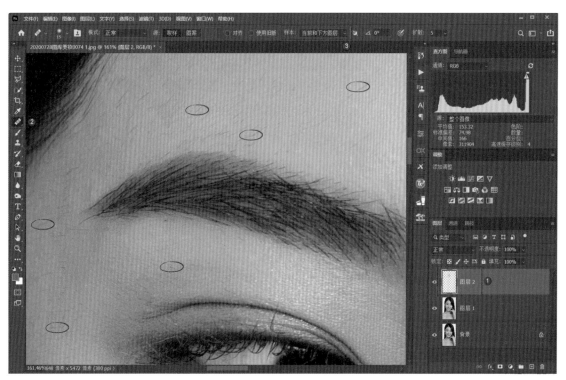

图7-21

这里需要注意的是，要沿着毛发的方向进行修复。比如，对于图7-22中右上方的毛发在取样之后，应沿着右上到左下的方向进行涂抹①，这样涂抹效果会比较好，并且涂抹时也比较顺手。而对于第②个位置和第③个位置的毛发，在修复时，如果要沿着毛发的方向涂抹，可能拖动鼠标时不太顺手。这时可以按住键盘上的R键，然后按住鼠标左键拖动旋转画面，将下方的一些毛发也调整到我们适合用鼠标操作的方向，然后用"污点修复画笔工具"进行修复，如图7-23所示。

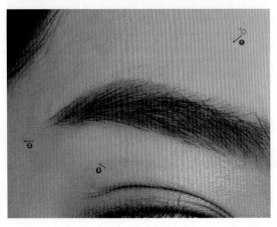

图7-22

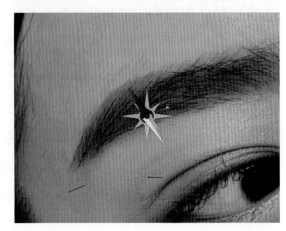

图7-23

修复完毕之后，再次按R键，此时上方选项栏中出现"复位视图"按钮，单击这个按钮，就可以退出照片旋转状态，将照片恢复为原始的显示方向，如图7-24所示。

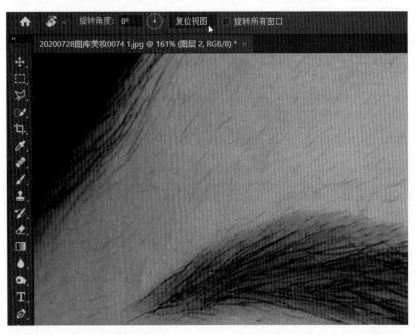

图7-24

对比毛发修复前后的效果，可以看到，效果还是比较理想的，如图7-25和图7-26所示。

图7-25

图7-26

再次放大照片，按住键盘上的空格键同时按住鼠标左键拖动图片，观察脸部的其他位置。对于下巴上的一些比较大的疙瘩，也可以进行修复。①在"图层"面板中选中"图层1"，②然后使用"修补工具""污点修复画笔工具"等进行修复，如图7-27所示。这样就完成了这张照片人物面部瑕疵的修复。

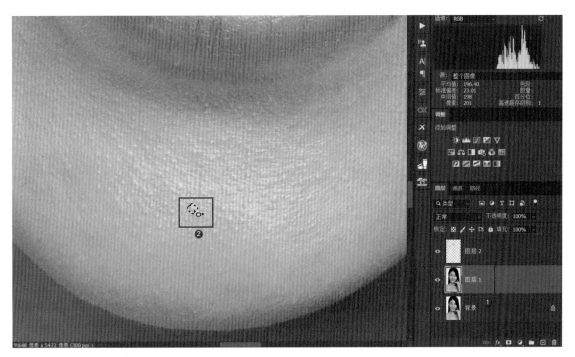

图7-27

第八章

Photoshop 中蒙版、渐变 工具与画笔工 具的使用技巧

本章介绍Photoshop软件中图层蒙版的概念，以及如何结合渐变与画笔工具进行修图。一般来说，借助于蒙版，我们可以非常理想地实现一些对照片局部的调整，它的使用非常方便。在使用蒙版时，往往要结合画笔与渐变工具进行调整，最终才能实现局部的提亮、压暗及调色等效果。

8.1

蒙版的概念与效果

所谓蒙版，实际上也是一种选区，用于限定对照片某些局部的调整。这种局部的限定，主要是通过黑、灰和白色来实现的。下面我们通过一个具体的案例来介绍。

在Photoshop中打开照片，这张照片是经过优化的，是一张JPG格式的照片，如图8-1所示。

图8-1

对于这张照片，我们想压暗画面左上角远处的天空以及地景，但不改变其他区域的亮度。通常情况下，可以借助于"曲线"命令进行压暗。比较常规的方法是打开"图像"菜单，选择"调整"|"曲线"命令，如图8-2所示。

打开"曲线"对话框，直接在基准线上单击创建一个锚点并向下拖动，即可以将原图压暗，如图8-3所示。这样是对全图进行的压暗操作，显然是不合理的。

图8-2

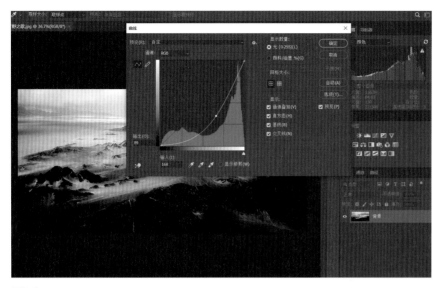

图8-3

实际上，在真正的后期修图过程中，我们往往要在使用"曲线"命令的同时创建一个图层蒙版。具体操作是，打开照片之后，单击"图层"面板下方的"创建新的填充或调整图层"按钮，展开快捷菜单，在其中选择"曲线"选项，如图8-4所示。这时就可以打开曲线调整面板，并且创建一个曲线调整图层。在图层列表中可以看到"背景"图层上方创建了一个带有蒙版图标的曲线调整图层。

当然，除这种方法之外，也可以直接在"调整"面板中单击曲线图标按钮，实现快速创建曲线蒙版和曲线调整图层的功能。

在创建的曲线调整面板中，在曲线上单击创建锚点并向下拖动，这样将压暗全图，如图8-4所示。

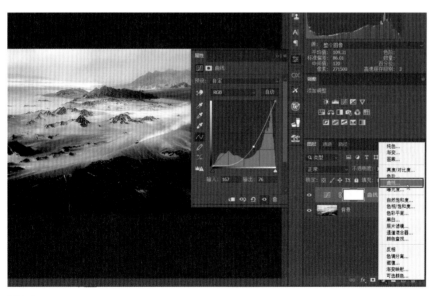

图8-4

这里介绍一下蒙版的功能。蒙版就像蒙在照片上的一层板子，白色的蒙版就像透明的板子，看似不起任何作用。这里曲线调整将画面压暗了，白色蒙版没有对调整进行遮挡，完全显示出了我们的调整效果。

这时如果按键盘上的Ctrl+I组合键，就会将蒙版反相设置。可以看到，此时白色蒙版变为了黑色蒙版，观察

画面会发现，我们的曲线调整效果完全被遮挡起来了。从这个角度说，白色蒙版不会遮挡，它会显示出调整效果，而黑色蒙版则遮挡住了它所在图层的全部调整效果，如图8-5所示。

图8-5

8.2

画笔工具与蒙版结合的使用技巧

根据这个原理，我们就可以实现一些局部的调整了。如图8-6所示，选择"画笔工具"①，将前景色设为白色②，然后在上方选项栏设定画笔的"直径""不透明度""流量"等参数③，④在照片中涂抹。此时，可以看到涂抹的区域就露出了压暗的效果。从"图层"面板的蒙版图标上⑤也可以看到涂抹的区域变白了，即它会显示我们的曲线调整效果，而没有涂抹的黑色区域则遮挡了图层效果。这是蒙版的白色显示、黑色遮挡原理。

很多人可能习惯于使用"画笔工具"与蒙版的组合，但实际上，如果我们要调整的区域是大面积的天空区域，那么可能使用"画笔工具"的效果就不是那么理想，因为涂抹可能不是那么规则。这与ACR中"画笔工具"与渐变滤镜的功能有些相似，画笔比较灵活，用于涂抹一些微小的区域，但是如果调整区域较大且要让调整区域与未调整区域过渡更自然，那么使用"渐变工具"更好一些。

图8-6

8.3

渐变工具与蒙版结合的使用技巧

按键盘上的Alt+Delete键，把蒙版恢复为纯黑的状态，即再次将曲线调整效果完全遮挡起来。另外，也可以选择黑色画笔，在我们涂抹过的白色区域上涂抹，将白色区域涂黑。

此时选择"渐变工具"①，单击选中已经变为纯黑的蒙版图标②，将前景色设为白色③，如图8-7所示。一般来说，要调整黑色蒙版，就用白色前景、黑色背景，要调整白色蒙版，就用黑色前景。

之后，展开上方的渐变编辑器界面④，在其中选择前景色到透明的渐变⑤，前景色是白色，就是白色到透明的渐变。只有选择这个渐变方式，在后续的操作中才可以叠加渐变效果。接着，选择线性渐变的样式⑥，如图8-7所示。

然后如图8-8所示，在画面中由左上方向右下方拖动鼠标①，松开鼠标后可以看到制作出了一个渐变区域，该区域在蒙版中变为了白色②，即显示出了压暗效果。这样就实现了我们最初的目的，让左上方的天空及地面变暗一些。这是蒙版与"渐变工具"的使用方法，可以实现局部的一些调整效果。

如果想把画面的右上方也压暗，可以移动鼠标到照片的右上角，由右上方向左下方拖动制作渐变。这两次渐变的效果会叠加起来，最终实现调整效果。由此可以看到，其实渐变、画笔、蒙版是结合起来使用的，其核心是通过调整蒙版的黑色、白色来实现画面局部的调亮或压暗。

当然，使用"渐变工具"之后，还可以选择"画笔工具"对局部区域进行涂抹。

图8-7

图8-8

8.4

渐变工具单独使用的技巧

在介绍过"渐变工具""画笔工具"与蒙版结合的
使用方法之后，接下来介绍下单独使用"渐变工
具"的技巧。在开始学习前，我们先打开"历史记
录"面板①，选中"打开"记录②，如图8-9所示，
将照片恢复到刚打开的原始状态。

下面介绍"渐变工具"不与蒙版结合起来使用的一
种技巧。首先，在上方的渐变样式列表中选择一种
蓝色到白色的线性渐变，如图8-10所示。

图8-9

图8-10

如图8-11所示，此时可以看到蓝白的渐变条①。然后在"图层"面板下方单击"创建新图层"按钮，创建一
个空白图层②，因为我们想要在空白图层上制作，而不影响"背景"图层。"背景"图层是一种备份，应保
持好原有的信息，避免原图流失。此时，在画面中从左上向右下拖动③，制作渐变。

图8-11

可以看到，画面中生成了一个蓝色到白
色、再到蓝色的渐变，并且遮挡了"背
景"图层，如图8-12所示。

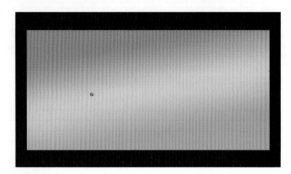

图8-12

接下来，在"图层"面板单击选中制作渐变后的图层，降低该图层的不透明度。可以看到，上方的图层就与
下方的图层融合到了一起，隐约地显示出了下方图层的轮廓，如图8-13所示。这是"渐变工具"的另外一种
使用方法，这种方法在自然风光、人像写真类摄影题材中不是特别多见，但是在商业摄影中，无论是静物、
商品还是商业人像摄影，都经常使用。这种色彩渐变的方式可以为画面渲染一些特定的色彩。

上面介绍的这种上色方式色彩比较杂，有白色，有深浅不一的蓝色。实际上还有一种方法，如图8-14所示，
首先将前景色设为青绿色，背景色设为白色①。设置时只要单击前景色或背景色，然后取色就可以。设置完成
后，在选项栏中选中从前景色到透明的渐变②，然后创建一个空白图层，在空白图层上拖动鼠标③，制作出一
个从前景色到透明的渐变。可以看到，我们制作了一个渐变，将天空部分，也就是远景部分，遮挡了起来。

因为我们拖动的渐变线比较短，所以上色与未上色区域的过渡是非常硬的，不够平滑、自然。

图8-13

图8-14

如果在制作渐变时，将渐变线拖动得特别长，那么从色彩到透明区域的过渡就会非常平滑、柔和，如图8-15所示。这是一种上色方法，这种方法在商业摄影中也使用得比较多。

图8-15

第九章

图层功能详解
与使用技巧

本章介绍图层的各种功能、具体的操作和使
用方法，最后介绍图层混合模式的主要使用
技巧。

9.1

图层的显示与隐藏

首先，在Photoshop中打开准备好的素材，在右侧的"图层"面板中可以看到有很多图层，这是因为我们对这张照片进行了大量的后期处理，如图9-1所示。

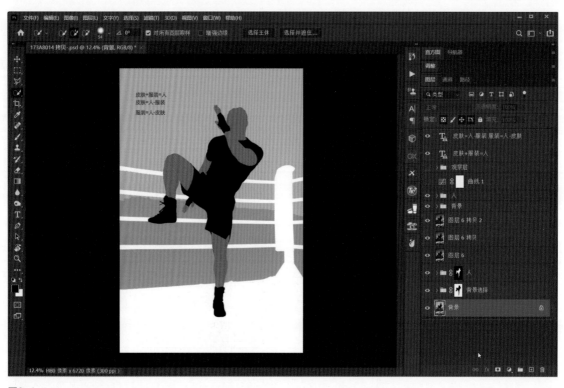

图9-1

这时如果我们想要浏览原始照片的效果，可以按住键盘上的Alt键，单击最下方"背景"图层前的小眼睛图标，这样可以隐藏上方所有的图层，显示出我们所打开的原始"背景"图层，也就是原始的照片效果，如图9-2所示。再次单击该图标，就可以显示出上方经过处理之后的各个图层，也就是处理之后的照片效果。

在"图层"面板上方可以看到三个文字图层，单击关闭某一个文字图层前的小眼睛，在照片中就可以看到该图层对应的文字被隐藏了起来，如图9-3所示。根据这个原理，我们就可以随时隐藏或显示某个图层，甚至隐藏上方的所有图层。

图9-2

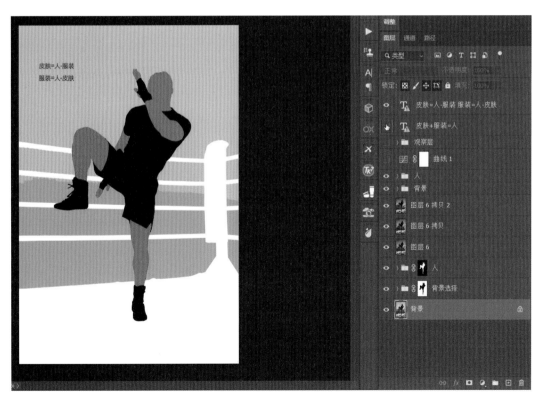

图9-3

9.2

图层类型与分组

接下来再来看图层的类型与分组。如图9-4所示，我在"图层"面板中标出了不同的图层类型。

①文字图层，可以看到文字图层图标为一个大写的T，表示text（文本），它对应的是照片当中的文字信息。

②像素图层，也就是所打开的正常的照片信息。

③智能对象图层，可以看到，在图层图标的右下角有一个单独的标记。有关智能对象图层，我们后续还会进行详细介绍。

④图层组，可以看到一个名为"人"的图层图标，是一个文件夹的形式，它表示将多个图层收藏在一个组中。单击组前的箭头标记可以展开这个组。在"人"这个组中，可以看到"服装""皮肤"和"人"三个图层。而其下方的"背景"组就是没有展开的状态。我们可以在一个组中放入文字、调整、像素、智能对象等不同的图层，实现某些特定功能。

⑤调整图层，主要用于对照片进行明暗及色彩的调整，并且附有一个蒙版，蒙版用于显示或遮挡某些调整效果。

⑥为图层组添加的蒙版，也就是说，蒙版不但可以针对某一些像素图层、调整图层添加，也可以对图层组使用。

⑦图层锁定标记，带有锁形标记的图层，内容会被锁定。比如，本例中"背景"图层的像素会被锁定，是无法进行移动、编辑的。当然这个锁定状态可以解除，也可以重新设定。

图9-4

接下来再来看某些特定的图层组或图层所能实现的效果。如图9-5所示，首先展开"观察层"这个组①，在其中可以看到曲线和渐变映射等的调整图层。单击图层组前面的小眼睛图标②，显示出图层组的效果，可以看到照片变为了灰度状态。将照片变为灰度，可以更直观地观察照片的一些明暗及色彩分布，前面已经有过详细介绍，这里不再赘述。

根据我们之前的介绍，曲线调整图层能够实现对照片的某一特定区域进行调整。显示出这个"曲线"调整图层之后，可以看到照片已经变为了黑白两色的状态，可以明确显示出一些特定的区域划分，如图9-6所示。

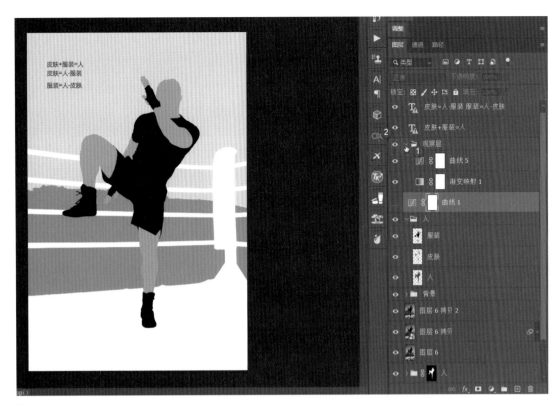

图9-5

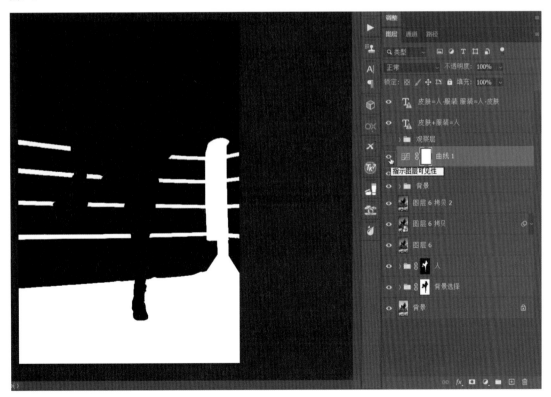

图9-6

对于调整图层，如果我们要改变调整效果，只要双击调整图层前的缩略图，在弹出的"属性"面板中操作即可，如图9-7所示。这里可以看到之前对曲线进行了大幅度调整，从而实现了特定的效果。在此可以再次调整或是观察，之后可以直接关闭这个"属性"面板或再次双击曲线调整图层缩略图，将"属性"面板关闭。

图9-7

对于调整图层的建立，可以通过①在"调整"面板中单击对应的图标，或②在"图层"面板下方单击"创建新的填充或调整图层"按钮，在打开的快捷菜单中选择相应的命令来实现，如图9-8所示。

图9-8

9.3

智能对象图层的优势

接下来介绍智能对象图层的优势。之前在"图层"面板中看到了智能对象图层，单击其右侧的箭头标记，可以展开这个智能对象图层，显示出我们对智能对象图层进行的调整，如图9-9所示。

智能对象图层的优势主要在于我们可以对其进行一些特定的调整，它会在不破坏图层原有像素的基础上，将滤镜或功能调整以智能滤镜的方式显示。进行过处理之后，还可以方便我们随时对调整效果进行更改。

比如本例中，我们对人物进行过液化调整，那么后续更改时，直接双击"液化"图层，就可以再次打开"液化"对话框，在其中对效果进行修改。修改完毕之后，单击"确定"按钮，会再次返回智能对象图层，而不破坏原有的像素信息，如图9-10所示。

图9-9

图9-10

9.4
图层的锁定

对于像素图层来说，一旦处于锁定状态，那么就没有办法改变像素位置了。打开图9-11所示的照片，可以看到打开的"背景"图层右侧有一个锁定状态标记①，此时在工具栏中选择"移动工具"②，将鼠标移动到照片中单击并拖动，会弹出警示框，提醒图层无法移动，如图9-11所示。如果单击"转换到正常图层"按钮，则可以对图层进行解锁，之后才能移动像素位置。

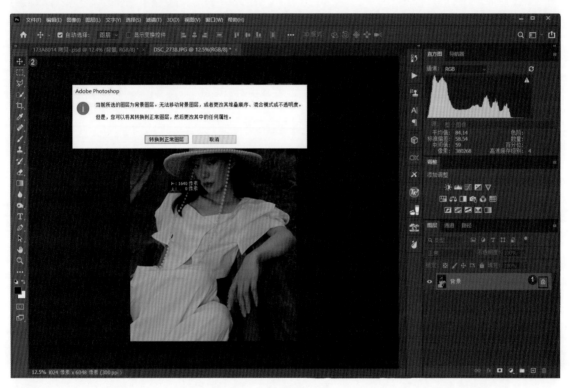

图9-11

解锁之后，可以看到像素位置发生了移动，露出下方的背景布，如图9-12所示。

图9-12

如果要再次锁定图层，可以在"锁定"栏中单击"锁定全部"按
钮，即可再次将图层锁定，如图9-13所示。

图9-13

9.5

图层过滤器

如果我们建立的图层过多，那么后续在检查画面效果时，通过图层过滤器可以快速查找到不同类型的图层。图层过滤器有5种类型。

第1类为"像素图层过滤器"，单击该按钮，可以筛选出所有的像素图层。需要注意的是，在像素图层上附着的一些蒙版等功能也会显示出来，如图9-14所示的黑色蒙版。

第2类为"调整图层过滤器"，单击该按钮，可以显示出对照片进行过处理的所有调整图层，如图9-15所示。

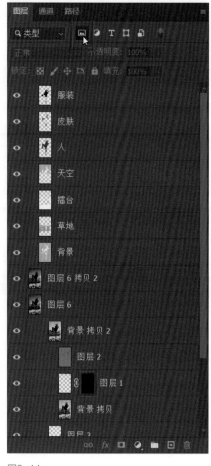

图9-14

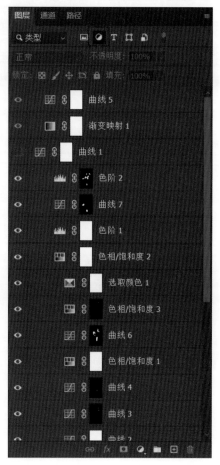

图9-15

第3类为"文字图层过滤器"，单击该按钮，可以过滤出所有的文字图层，如图9-16所示。

第4类为"形状图层过滤器"，因为本照片没有进行过形状的绘制，所以可以看到没有形状图层，如图9-17所示。在摄影后期中，使用形状图层的机会是非常小的，只有在平面设计中需要绘制一些特定的形状时，才会使用较多的形状图层。

第5类为"智能对象图层过滤器"，单击该按钮，可以筛选出所有图层中的智能对象图层。可以看到，这里只有一个智能对象图层，对智能对象图层进行过的滤镜处理等也会显示出来，如图9-18所示。

图9-16

图9-17

图9-18

9.6

图层的常见操作

接下来介绍一些对图层的常见操作。实际上无论对于哪一类图层，在图标及图层名称右侧的空白处单击鼠标右键，都可以弹出对应的快捷菜单。这里右键单击"人"这个图层组的空白处，在弹出的菜单中可以看到"复制组""删除组"等命令，如图9-19所示。

如果选中了多个图层，然后右击图层的空白处，弹出的快捷菜单中会有"合并图层""合并可见图层""拼合图像"等命令，如图9-20所示。"合并图层"是指合并选中的这些图层。"合并可见图层"是指合并选中的这些图层当中处于显示状态的图层，处于隐藏状态的图层则不会被合并。"拼合图像"命令不受所选图层的影响，是将所有的图层全部拼合起来。

图9-19

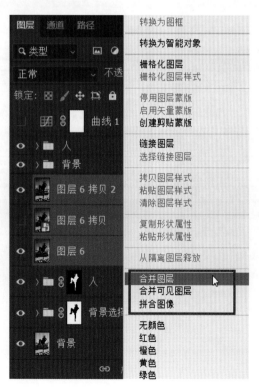

图9-20

右键单击某一个单一图层的空白处，在弹出的菜单中可以看到"向下合并"命令，如图9-21所示，表示将这个图层向下合并到下方的图层中。需要注意的是，这种向下合并有时可能会影响图层混合模式的效果。在本章后续关于图层混合模式的介绍当中我们再讲解。

文字图层本身不是正常的像素，如果要将其变为像素图层，可以鼠标右键单击文字图层的空白处，在弹出的菜单中选择"栅格化文字"命令，如图9-22所示。

图9-21

图9-22

对于智能对象图层以及其他的一些矢量图层，通过单击鼠标右键，在弹出的快捷菜单中选择"栅格化图层"命令，如图9-23所示，可以将该图层栅格化，转变为像素图层。

对于有大量图层的照片，为方便后续查找，可以双击图层名称，为图层命名，如图9-24所示。这样可以更直观、形象地描述对应的图层或图层组，便于后续查找。

图9-23

图9-24

对于某一个文字图层或像素图层，双击其图层图标①，会弹出"图层样式"对话框，在其中可以设定不同的图层样式②，如对图层设定"外发光""内发光""投影"等不同的样式，如图9-25所示。在"混合选项"设置组中，还可以设定这些投影的明暗度及长度等。设定完成后，单击"确定"按钮即可返回。

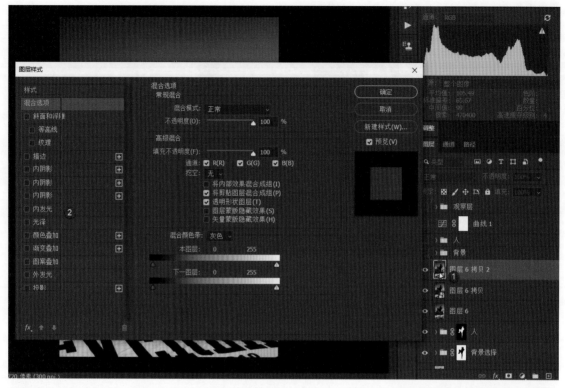

图9-25

在"图层"面板上方，还有两个非常重要的功能，分别是"不透明度"和"填充"，二者的默认状态都为100%。对于绝大部分图层来说，改变"不透明度"或"填充"所起的效果是一样的，但也有不同的情况。如果对某个图层建立了一些不同的图层样式，改变"不透明度"时，图层样式的不透明度也会发生变化，但如果改变"填充"，则只会对图层本身产生影响，对于图层样式则不会产生影响，如图9-26所示。

图9-26

9.7

复制图层的差别

在开始照片处理之前，往往要先复制图层之后再进行操作。复制图层时，可以直接在图层的空白处单击鼠标右键，在弹出的菜单中选择"复制图层"命令，如图9-27所示。这时会生成一个名为"背景 拷贝"的图层，它与原图层是完全一样的，如图9-28所示。

如果按键盘上的Ctrl+J组合键，也会复制一个与"背景"图层完全一样的图层，只是图层名称不同，如图9-29所示。

图9-27

图9-28

图9-29

利用"复制图层"命令，或是Ctrl+J组合键复制图层，两者的功能是否完全一样呢？其实并不完全相同。如果照片当中存在选区，那么我们按键盘上的Ctrl+J组合键，则只会复制选区内的部分。例如，我们在如图9-30所示的照片中间建立了一个选区，然后按键盘上的Ctrl+J组合键，可以看到新图层只复制了选区之内的部分，如图9-31所示。

如果从缩略图上看效果不是特别明显，那么我们可以设定以更大的图标显示。

在"图层"面板右侧单击展开折叠菜单①，在展开的菜单中选择"面板选项"命令②，如图9-32所示。

图9-30

图9-31

图9-32

142

在打开"图层面板选项"对话框中，可以设定以大图标的方式显示图层图标①，然后单击"确定"按钮②，如图9-33所示。此时可以看到图层图标变大，方便我们直接观察图层效果。如果照片的图层非常多，则更适合设定以小图标的方式来显示。

图9-33

9.8

图层混合模式

接下来介绍图层混合模式。实际上，图层混合模式非常多，有二十几种。平面设计相关工作中对于图层混合模式的使用频率比较高，并且对各种命令都会涉及，但从摄影的角度来说，其实我们使用的混合模式并不多，只有少数几种，所以本节主要比较常用的几种混合模式。

变暗类模式的用法

图层混合模式下拉列表位于"图层"面板左上方，默认显示"正常"，如图9-34所示。

展开图层混合模式列表，可以看到有大量的图层混合模式。首先复制一个图层，然后在图层混合模式列表中选择"正片叠底"，可以看到原照片变暗，如图9-35所示。之前已经介绍过，在"变暗"这组混合模式中，几乎所有命令都可以让图层混合之后的效果变得比原照片更暗，其中使用频率非常高的就是"正片叠底"。所谓"正片叠底"，可以认为是两张幻灯片叠加在一起所呈现出来的效果，它的亮度一定会变暗。复制一个图层之后，两张完全相同的照片叠加在一起，效果自然会变暗。

图9-34

图9-35

实际应用当中，这种全图变暗的方式显然不适合用于呈现摄影作品。一般情况下，我们只会压暗照片的亮部，让照片整体影调更加均匀，因此往往要先选择照片的高光区域，然后将其压暗。具体操作是，按键盘上的Ctrl+Alt+2组合键，为照片的高光区域建立选区。可以看到，建立选区之后，高光区域被蚂蚁线圈选了出来，如图9-36所示。

这时按键盘上的Ctrl+J组合键，就可以将高光区域的像素提取出来，保存为一个单独的图层，如图9-37所示。

之后单击选中高光像素图层，即这里的"图层2"，将图层混合模式设为"正片叠底"。可以看到高光区域被压暗，其层次和细节更丰富，如图9-38所示。整体来看，在变暗类混合模式当中，比较常用的就是"正片叠底"。

图9-36

图9-37

图9-38

变亮类模式的用法

接下来再来看"变亮"这组模式的用法。依然是复制一个图层，然后将图层混合模式改为"滤色"，如图9-39所示。这样可以看到照片整体变亮，整体变亮的缺点就是原照片中高光部分会过曝，出现了高光溢出的问题，所以直接使用"滤色"的方式也不适合照片的后期处理。

图9-39

正确的使用方法是先将照片的中间调及暗部选择出来，然后进行提亮，而高光部分则不变。那怎样选择中间调及暗部呢？其实也非常简单，我们可以先把高光部分选择出来，然后进行反选，这样就选出了中间调及暗部，再进行提亮。接下来我们进行操作。首先，按键盘上的Ctrl+Alt+2组合键，为高光部分建立选区，然后在"选择"菜单中选择"反选"命令，如图9-40所示，这样就进行了反选，如图9-41所示。

图9-40

图9-41

接下来，按键盘上的Ctrl+J组合键，将照片中间调及暗部提取出来，存储为一个单独的图层。再将中间调及暗部这个图层的混合模式设为"滤色"。可以看到，照片的中间调及暗部被提亮，但高光部分保持原有亮度，画面暗部的细节更加完整，如图9-42所示。这是"滤色"这种模式的使用方法。

图9-42

对比类模式的用法

接下来介绍一类比较难的模式，即为照片增加对比度的混合模式的用法。

如果想对全图进行增加对比度的操作，可以使用曲线、对比度等命令进行，而如果只增加照片当中中间调的对比度，则既可以让画面变得更加通透，又可以保护高光与暗部，让高光不至于溢出，暗部不至于死黑。但是想直接选择中间调，我们需要借助一个非常高级的命令，即"计算"来实现。

删掉其他所有的图层①，只保留"背景"图层，然后在"图像"菜单中选择"计算"命令②，如图9-43所示，打开"计算"对话框，如图9-44所示。

图9-43

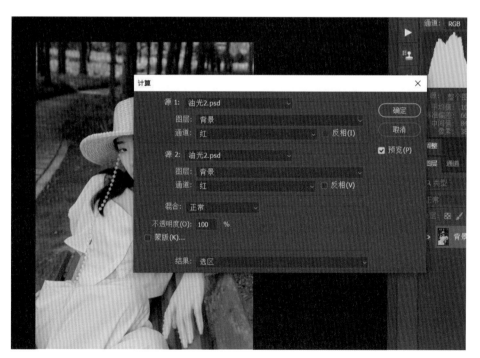

图9-44

在"计算"对话框中，将"源1"和"源2"的"通道"均设置为"灰色"①②，因为灰色基本上对应的就是除白色与黑色之外的中间调区域；之后将"混合"设为"正片叠底"③；然后在"源1"或"源2"的"通道"右侧任意勾选一个"反相"复选框④；之后将"结果"设定为"选区"⑤，即将计算之后混合的结果输出为选区；最后单击"确定"按钮⑥，如图9-45所示。

这时，可能有些图层直接返回到了一个以选区呈现的画面，但有时会弹出警告提示框，提示"任何像素都不大于50%选择。选区边将不可见。"，这表示这张照片的中间调不是那么明显，选择度不大于50%，因此它不显示选区线，但这种情况下选区依然是存在的，只是不显示选区线而已。单击"确定"按钮，如图9-46所示。

图9-45

图9-46

接下来按键盘上的Ctrl+J组合键，就可以将照片的中间调提取出来作为一个单独的图层，如图9-47所示。

图9-47

之后可以先将中间调这个图层的混合模式改为"正片叠底"，如图9-48所示。可以看到，原照片变得暗了一些，但是整体比较闷，因为我们不是要压暗中间调，而是增加中间调的对比。

将这个中间调图层的混合模式改为"柔光"，可以看到中间调的对比增高，画面整体显得更通透，高光与暗部依然保持了原有的层次，画面整体显得非常高级，如图9-49所示。这是对比类混合模式当中比较常用的"柔光"混合模式的使用方法。当然，"柔光"这种混合模式也可能会用在其他的一些场景当中，并不是只有这一种使用方法。

图9-48

图9-49

第十章

调色基础与可选颜色的使用技巧

本章内容非常重要，介绍了调色的基本原理、观察层的相关知识，以及借助观察层检查画面色彩的方法，之后再通过具体案例介绍局部调色的技巧。

10.1

色彩互补与调色原理

自然界中的色彩来源于太阳光线，虽然太阳光线看似是白色的，但经过实验，人们发现可以将太阳光线进行分解，最终分解出了七色光谱，分别为红、橙、黄、绿、青、蓝、紫。这可以通过三棱镜进行分解证实，这种分解的原理非常简单，是利用不同光波折射率不同而实现的，如图10-1所示。

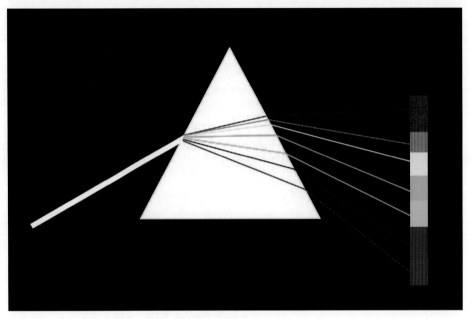

图10-1

如果对已经被分解出的七种光线再次逐一进行分解，可以发现红、绿和蓝三色光线无法被分解；而其他四种光线橙、黄、青、紫又可以被再次分解。分解的结果很有意思，最终也分解为了红、绿和蓝这三种光。也就是说，虽然太阳光线是由七色光组成的，但本质的形态却只有红、绿和蓝三种光，所有色彩都是由红、绿和蓝混合叠加而成的。红、绿、蓝也就是我们通常所说的三原色，红色的英文为Red，简称R；绿色的英文为Green，简称G；蓝色的英文为Blue，简称B。软件中的后期调色往往就是以RGB为基础进行的。

也就是说，自然界中只有RGB三种原始的光线，其他光线可以使用RGB三种光线混合产生，如图10-2所示。从图中可以看出，黄色+蓝色=白色、绿色+洋红色=白色、青色+红色=白色。从色彩的角度来说，色彩两两相加得白色，就可以认为两者为互补色。

RGB三原色图表达出的色彩混合方面的信息并不全面，其中紫色、橙色等常见色彩是没有出现的。为了方便记忆和使用上述规律，我们将RGB放到一个色环上，它们位于色环的三个角上，再将它们的补色填进去，即黄、洋红、青（CMY）三种色彩。C对应的是青色，它是红色（R）的补色；M对应的是洋红色，它是绿色（G）的补色；Y对应的是黄色，它是蓝色（B）的补色。从色环上可以看到，互补色正好位于某一条直径的两端，如图10-3所示。

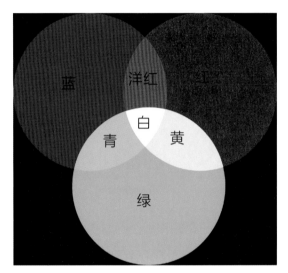

图10-2

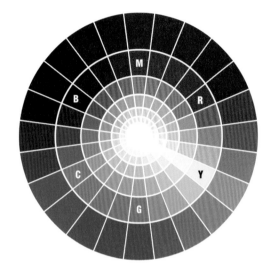

图10-3

前面的知识看似非常难以记忆，但这已经是色彩方面最简单的一些规律总结了，无论如何都是需要你认真记忆的。如果觉得记不住，那可以将前面这几张图片贴在你的电脑屏幕一边。因为我们在后期软件中进行调色时，就是要使用这种最简单的色彩叠加混合规律的。

在后期软件中，几乎所有的调色都是以互补色相加得到白色这一规律为基础来实现的。例如，照片偏蓝色，那表示场景是被蓝色光线照射，调整时我们只要降低蓝色、增加黄色，让光线变为白色，让场景相当于在被白光照射，照片的色彩就准确了。

10.2

可选颜色调色

因为圆环的一周是360°，所以平均分布的6种颜色中，2种相邻的颜色就相差60°，而2种间隔的颜色相差120°，如图10-4所示。这里有一个规律，相距120°的2种颜色相加等于它们中间的色彩。比如，红色加绿色就会得到黄色，洋红色加黄色就会得到红色。记住这个规律，后续的所有调色都是依照这个规律展开的。

下面通过具体的操作来介绍这种调色规律的使用方法。首先打开图10-5所示的文件。

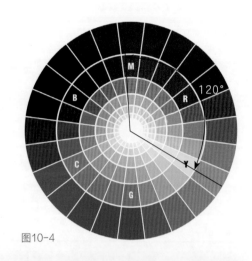

图10-4

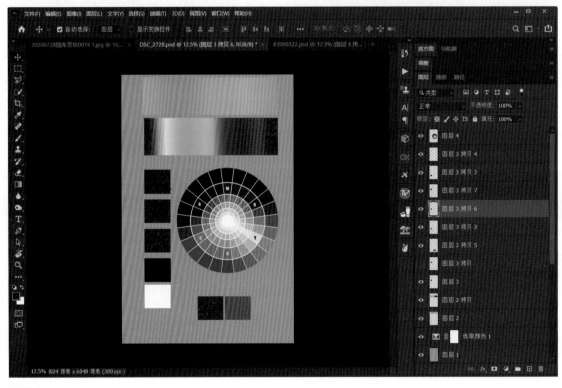

图10-5

在"图层"面板中找到"图层3拷贝7"色块图层，选中这个图层，如图10-6所示。然后在"图层"面板下方单击"创建新的填充或调整图层"按钮①，在展开的菜单中选择"可选颜色"选项②，这样就创建了一个可选颜色的调整图层。右键单击调整图层上的蒙版图标，在弹出的快捷菜单中选择"删除图层蒙版"选项，可以将这个蒙版删除，如图10-7所示，因为它在这里没有太大用处，删除后便于我们观察。

图10-6

图10-7

当前创建的这个可选颜色调整图层针对的是全图，但这里我们只想让它针对下方的色块图层，所以此时将鼠标移动到可选颜色图层与下方色块图层的中间，当鼠标指针变为抓手状态时（如图10-8所示），按住键盘上的Alt键并单击鼠标。这样就可以将上方的可选颜色调整图层剪切到下方的色块图层，即只针对这个色块图层进行调色。可以看到，可选颜色图层的前面出现了一个向下弯折的箭头，这表示只针对下方的图层，而下方图层名称出现了下划线，这也表示它是只与上方的可选颜色图层结合在一起的，如图10-9所示。

图10-8

图10-9

这时双击可选颜色图层的缩览图，如图10-10所示，可以展开可选颜色"属性"面板。之前的图层色块是红色，我们想让这个色块变为黄色，应该怎样调整呢？

其实非常简单，在可选颜色"属性"面板中设置"颜色"为"红色"，选中下方的"绝对"单选按钮①，将"洋红"降到最低②就可以了，如图10-11所示。

这是因为原色块是红色，要加绿色才能变为黄色，但是可选颜色"属性"面板中没有绿色调整项，这时可以降低洋红色，这就相当于增加绿色，因为洋红与绿色是互补色。

图10-10

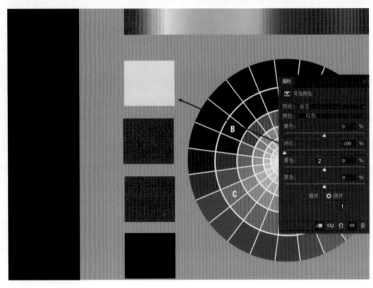

图10-11

如果想要让这个色块再由黄色变为绿色，也很简单，如图10-12所示，依然确保选中这个"可选颜色"图层①，在"属性"面板中设置"颜色"为"黄色"②，然后增加"青色"③，因为黄色加青色会得到它们中间的颜色绿色。

需要注意的是，这里之所以需要选择"绝对"，是因为"绝对"这个选项对色彩的影响度更大。实验一下，此时将"绝对"改为"相对"，会发现我们的调整失去了作用，如图10-13所示，这是为什么呢？因为"绝对"所改变的比例是针对该色彩的最大浓度值，而"相对"所改变的比例则是针对该色彩当前的浓度值。例如，假设红色的最大浓度值是200，当前的浓度是50，现在要提高10%的红色比例：设定为"绝对"，就会让画面色彩发生最大值200×10%=20的改变；设定为"相对"，则会发生50×10%=5的改变，色彩变化就不够明显。所以，在使用可选颜色功能进行调色时，大部分情况下都设定为"绝对"。

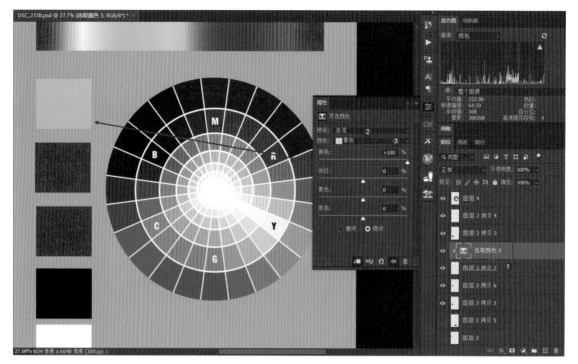

图10-12

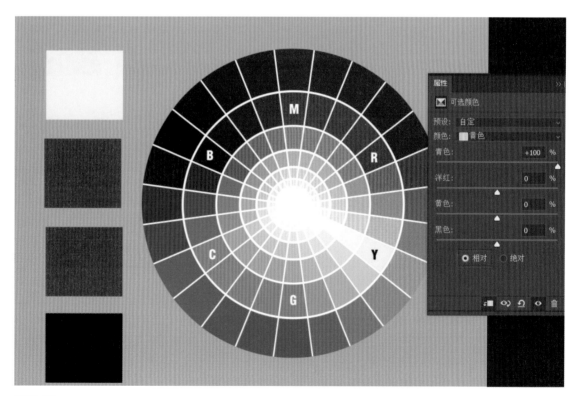

图10-13

接下来，我们想要让绿色色块变为青色，只需要在"属性"面板中设置"颜色"为"绿色"①，然后将"黄色"降至最低②，可以看到绿色色块变为了青色，如图10-14所示。

这是因为绿色加蓝色会得到青色，但是参数选项中没有蓝色，所以就可以将黄色降至最低，这就相当于增加了它的补色，也就是蓝色，最终得到青色。以此类推，这样就掌握了这种调色的规律。

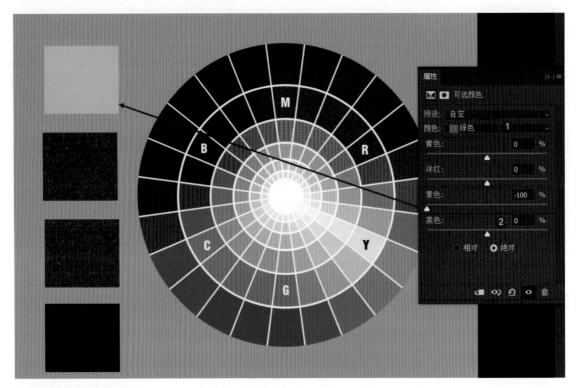

图10-14

当然我们也可以反向推，从黄色中减去绿色，就可以得到红色；从青色中减去蓝色，就可以得到绿色。这都是根据混色规律推出来的。

10.3

黑白灰与饱和度的映射

接下来介绍另外一个知识点，即不同影调与饱和度的对应关系，或者说不同影调调色的技巧。

如图10-15所示，在这张图片的"属性"面板中展开"颜色"通道列表，可以看到下方有"白色""中性色"和"黑色"三个选项，它与通过色彩选择调整对象不同，这三个选项主要通过明暗来选择我们要进行调色的像素。

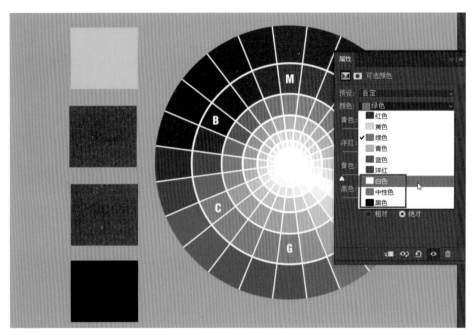

图10-15

首先在"图层"面板中单击选中灰色的背景，然后创建一个可选颜色的剪切图层。

切换到"白色"通道①，在其中提高"青色"的值②，会发现背景的中性灰色彩变得有些发青，但是不是特别明显，如图10-16所示。

之后将青色恢复到初始值，选择"中性色"①，再提高"青色"的值②，会发现背景的变化幅度非常大，如图10-17所示。

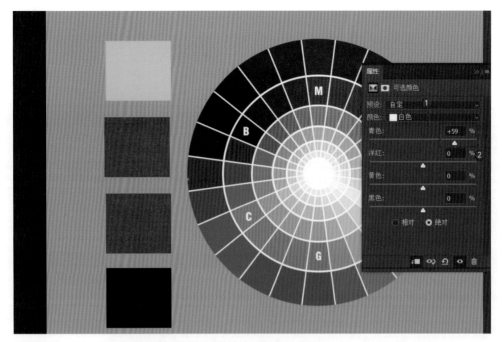

图10-16

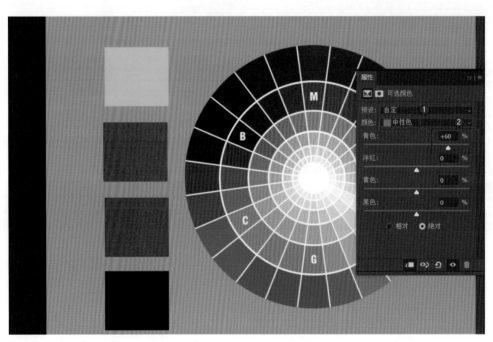

图10-17

之后再次将青色恢复到初始值，然后选择"黑色"①，提高"青色"的值②，会发现背景没有任何变化，如图10-18所示。

这说明背景是一种浅灰的亮度，选择黑色也就是没有选择这个背景，对背景没有影响。这是从明暗的角度进行调色的一种操作。

具体操作时需要观察想要调整区域的明暗度，如果非常暗，就需要选择"黑色"，如果相对亮一些，可以选择"中性色"或"白色"，这样调色的效果会更明显。

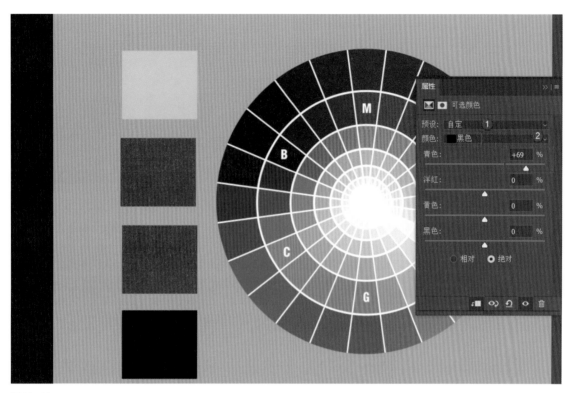

图10-18

接下来介绍饱和度与黑白灰的真正映射关系，掌握了这种映射关系，就可以通过明暗状态来选择不同饱和度的色彩，增加或减少饱和度，最终让画面的色彩更均匀。

首先选中一个红色色块，然后按住Alt键在其右侧拖动出一个新的红色色块，之后降低右侧色块的饱和度。可以看到，左侧饱和度高的色块的红色比较纯正，右侧色块降低饱和度之后，红色会发灰、变脏，不太好看，如图10-19所示。

接下来将这两个色块图层拼合起来。创建一个可选颜色的调整图层，并将这个可选颜色调整图层剪切到只针对这两个色块的图层，如图10-20所示。

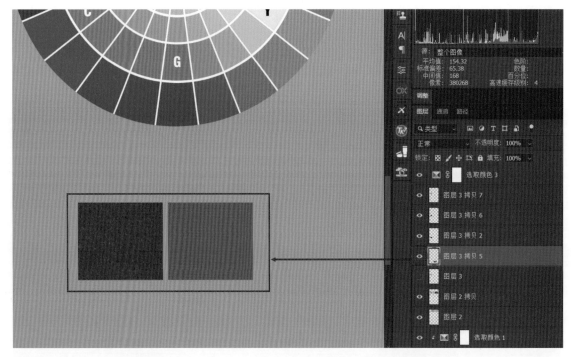

图10-19

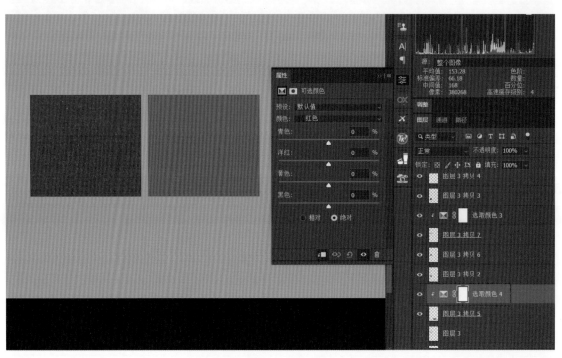

图10-20

然后在"属性"面板中切换到"红色"通道，将"黑色"增加到100%，如图10-21所示。利用同样的方法，将"黄色""绿色""青色""蓝色""洋红"通道中的"黑色"都增加到100%，如图10-22~图10-26所示。

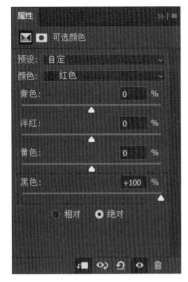

图10-21

图10-22

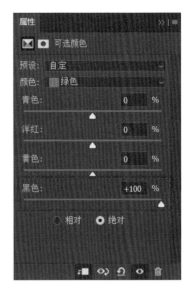

图10-23

图10-24

图10-25

图10-26

分别切换到"白色""中性色"和"黑色"通道,将"黑色"降到-100%,如图10-27~图10-29所示。

图10-27

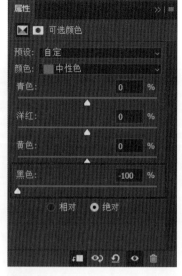
图10-28

图10-29

这时观察这两个色块,可以看到高饱和度的色块变成了纯黑色,而低饱和度的色块变成了浅灰色,如图10-30所示。这就表示,我们可以通过上述手段用明暗来衡量饱和度。

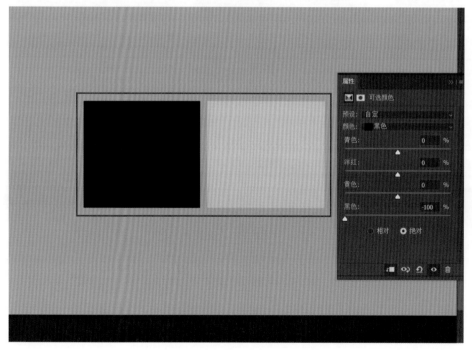
图10-30

为了便于大家记忆，在具体使用可选颜色进行调整时，我们可以将红、绿、蓝、黄、青、洋红等色彩通道中"黑色"降到最低（如图10-31所示），然后再将"白色""中性色"和"黑色"三个通道中的"黑色"增加到最高（如图10-32所示），即与之前的操作正好相反。这样，与之前的显示方式相反，饱和度高的色彩用白色显示，饱和度低的色彩用黑色显示。

但实际上，当前的白色已经足够白，但是黑色灰蒙蒙的，不够黑。

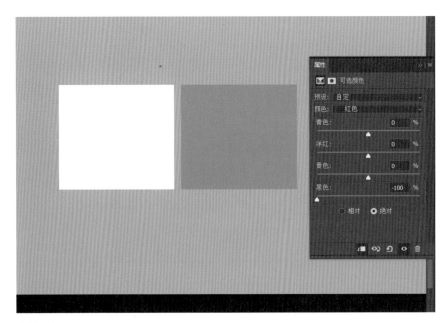

图10-31

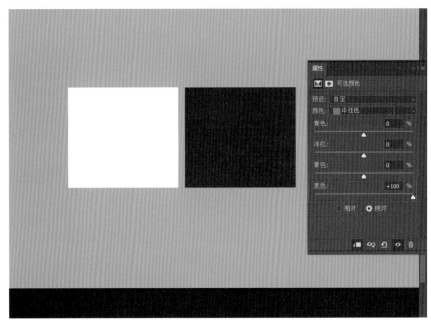

图10-32

此时可以创建一个曲线调整图层，增加它的反差，将黑色变为纯黑色，如图10-33所示。这样我们就能够在调整时随时衡量画面中的饱和度分布状况，非常直观。

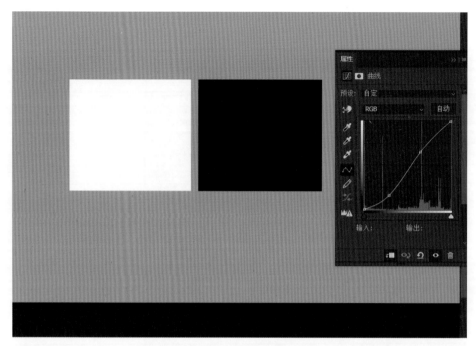

图10-33

也就是说，在"颜色"通道列表中，将色彩通道中的"黑色"统一降到最低，明暗通道中的"黑色"统一调到最高，这样就可以用明暗来衡量饱和度了，如图10-34所示。

图10-34

再来看一个例子，图10-35中下方色条的饱和度很高，上方色条中我们无法判断哪些颜色的饱和度高，哪些颜色的饱和度低。

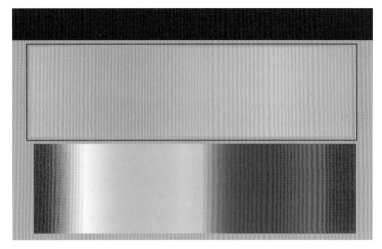

图10-35

在"图层"面板中单击选中上方色条图层，然后创建一个可选颜色的调整图层，当然依然要剪切到图层，让这个可选颜色只影响这个色条。然后按照前面介绍的方法，将色彩通道中的"黑色"统一降到最低，明暗通道中的"黑色"统一调到最高，这样，这个色条就变为了黑白状态。可以看到，中间的青色饱和度要高一些，两侧的黄色、洋红等色的饱和度是非常低的，如图10-36所示。

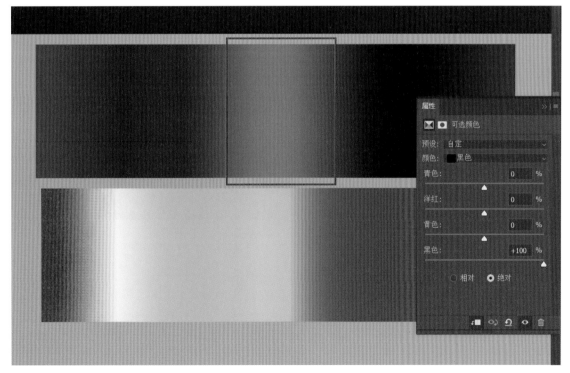

图10-36

最后总结一下，通过这种可选颜色的调整，可以让饱和度以明暗的分布来呈现，越亮则表示饱和度越高，越黑则表示饱和度越低。

10.4

案例：检查掉色，匀化色彩

下面通过对具体照片的调整来介绍这种检查色彩分布并进行调色的技巧。

首先打开这张素材照片，将除"背景"图层外的其他图层全部隐藏，显示出原始照片，如图10-37所示。

图10-37

这张照片整体画面效果是非常简单的，但依然存在一些问题。放大后可以看到，背景①的绿色饱和度非常高，但是另外一些区域的绿色饱和度就非常低。人物的皮肤区域，眼影②、耳朵④、脖子⑤等区域的饱和度稍稍高一些，而眼睛下方③、背部上方⑥的饱和度非常低，有丢色，如图10-38所示。

所以在后期处理时就要有区别性地调整，对于眼影、耳朵及脖子区域要降低饱和度，而对于丢色的眼睛下方、背部上方则需要进行补色，如图10-39所示。

图10-38

图10-39

如图10-40所示，首先创建一个可选颜色的调整图层①，当前整个画面只显示了"背景"图层，上方的图层已经全部隐藏起来。按照之前介绍的规律，将色彩通道中的"黑色"全部降为最低，然后将明暗通道中的"黑色"都提到最高②。这时画面变为了灰度状态，可以观察到，嘴唇、耳朵、眼影等几个位置的亮度是高一些的，说明这些区域饱和度是比较高的，这与我们对原图的分析一致，而后背以及眼睛下方的三角区域比较黑，说明饱和度比较低。

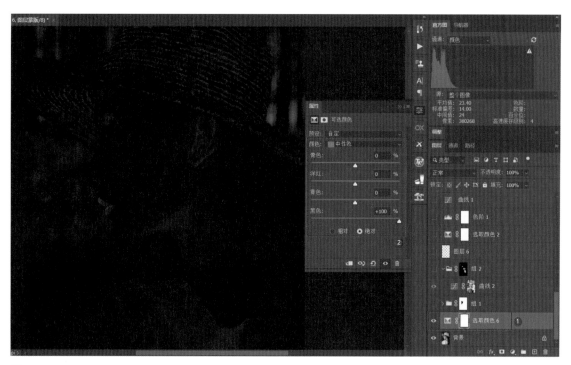

图10-40

如果此时选中"相对"单选按钮，就会发现是无法观察画面的，如图10-41所示，因此这里一定要选择"绝对"选项。

变为灰度状态之后，画面的明暗对比已经有了，但是不太明显。如图10-42所示，创建一个曲线调整图层①，将右侧缺乏波形分布的区域裁掉②，增加画面的反差。可以看到，画面中饱和度高的区域变得更亮。

图10-41

图10-42

这时，如图10-43所示，隐藏可选颜色和曲线图层①这两个观察图层，再次观察人物颧骨处②，这个高光区域的饱和度很低。那么这个位置是否需要补色呢？其实这个位置是很正常的，因为受高光的影响，这个位置有反光，所以其实并不需要进行过多的补色，后续调整时要注意避开这个位置。

接下来再次显示出两个观察图层，然后在曲线面板中继续增加画面的反差，让白色更白，黑色更黑。这样就基本上用黑白的状态准确对应了画面中的饱和度高低，如图10-44所示。

图10-43

图10-44

按键盘上的Ctrl+Alt+2组合键，可以快速为照片中的高光区域建立选区，此时的高光区域就是我们通过调整强化的高饱和度区域，这里以白色显示，如图10-45所示。

然后，如图10-46所示，隐藏两个观察图层①，再选中"背景"图层②，这样可以看到原图中的高饱和度区域都以蚂蚁线圈选了出来。

图10-45

图10-46

接下来，我们需要降低这个区域的饱和度，使其与画面中其他低饱和度区域的色彩匹配起来。

如图10-47所示，创建色相/饱和度调整图层①。因为创建时已经有选区，所以此时创建的色相/饱和度调整图层是针对选区的。然后降低这个图层的饱和度②，选区之内的高饱和度区域的饱和度就得到了降低。

此时可以看到画面的色彩更加匀化，但还存在问题，即眼影、腮红、嘴唇等区域应该是高饱和度的，所以我们需要将这些区域还原到高饱和度的状态。

图10-47

在还原之前，选中色相/饱和度调整图层，然后按键盘上的Ctrl+G组合键，将这个图层纳入到组中，如图10-48所示。然后为这个组创建一个蒙版，如图10-49所示。

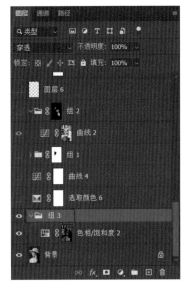

图10-48

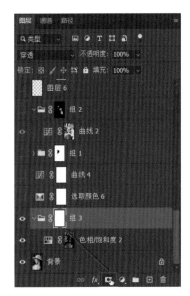

图10-49

如图10-50所示，选择"画笔工具"①，设定前景色为黑色②，适当调整画笔直径③，调整"不透明度"和"流量"④。在需要色彩还原的位置进行涂抹⑤~⑦，将这些位置原有的饱和度还原出来。这样就完成了画面高饱和度区域的调色。

接下来再对低饱和度区域进行调整。首先，将几个观察图层全部显示出来，再次创建一个曲线调整图层①，提高画面整体亮度②，让原本的浅灰色区域也变亮，如图10-51所示。

因为后续我们要将纯黑色的区域（③和④）选择出来，也就是将丢色的区域选择出来，所以高光区域越多越好，到时候可以通过反选将纯黑色的区域选择出来。

图10-50

图10-51

整体提亮之后，按键盘上的Ctrl+Alt+2组合键，这样浅灰色区域和高光区域就被选择了出来，如图10-52所示。这时按键盘上的Ctrl+Shift+I组合键进行反选，这样暗部（深灰色和黑色区域）就被选择了出来，如图10-53所示。

图10-52

图10-53

暗部选择出来之后，隐藏上方的几个观察图层①，单击图层组前面的向下的箭头②，将图层组也折叠起来，如图10-54所示。

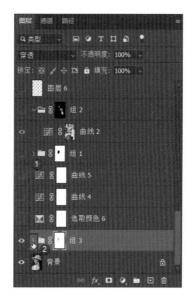

图10-54

创建一个色相/饱和度调整图层，提高饱和度。我们的目的是为丢色的区域追回色彩，但是提高饱和度之后会发现出现了大量的伪色（①~③），如图10-55所示。这些丢色区域色彩非常杂，提高饱和度之后效果非常不好，所以这种方法是不正确的。

图10-55

因此，我们按住键盘上的Ctrl键并单击蒙版图标，将蒙版恢复到选区。当然，也可以右键单击蒙版缩览图①，在弹出的快捷菜单中选择"添加蒙版到选区"选项②，再将选区显示出来，如图10-56所示。然后删掉这个色相/饱和度调整图层。

图10-56

接下来，创建一个可选颜色调整图层①，对于这个图层，我们要调整的就是中性色区域，因为丢色的区域主要就是中性色区域。设置"颜色"为"中性色"，然后降低"青色"的值②，这就相当于增加红色。可以看到，色彩得到了补充，但是补上的色彩显得灰蒙蒙的（③和④），比较脏，如图10-57所示。所以，用可选颜色这种方法的效果也不是特别理想。

那么比较理想的方法是什么呢？应该就是曲线，因为曲线在改变色彩的同时，对影调的改变也会非常大。再次将蒙版载入到选区，然后删除可选颜色调整图层。

创建一个曲线调整图层①，然后切换到"红"通道②，选择目标调整工具③，在丢色的位置按下鼠标左键并向上拖动可以添加红色④，如图10-58所示。

图10-57

图10-58

然后再切换到"绿"通道，稍稍添加一点绿色。这样添加红色和绿色之后，两色相混合就得到了黄色。可以看到，补色的效果是非常理想的，如图10-59所示。

图10-59

这里要注意，之前建立选区时黑色的区域是非常大的，有一些我们不想补色的位置也被补充了色彩，所以要将这些区域还原回来。

单击选中曲线调整图层，按Ctrl+G组合键建立另外一个组，如图10-60所示，并为这个组创建一个蒙版。然后再按键盘上的Ctrl+I组合键，将蒙版反相，隐藏调整效果，如图10-61所示。

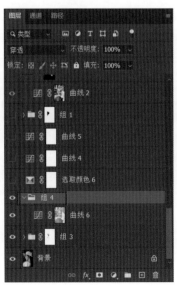

图10-60

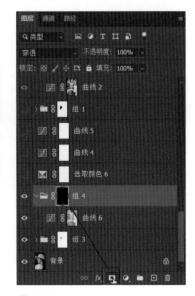

图10-61

现在我们得到的是黑色蒙版，所以选择"画笔工具"①，将前景色设置为白色②，调整画笔直径和浓度等③，在丢色的位置（④和⑤）进行涂抹，显示出这些位置的补色效果。这样，低饱和度区域的色彩也被追了回来，如图10-62所示。

图10-62

这时对比一下照片调整前后的效果，如图10-63和图10-64所示，可以看到背部丢色、偏灰的问题得到了很好的矫正，而人物眼睛下方也得到了校正。这种看似并不是特别明显的变化，往往却能决定一张照片的品质。

图10-63

图10-64

对于图10-65所示的人物下眼睑位置非常小的丢色区域①，我们依然可以用上述方法进行修复，但是相对来说比较麻烦。先将"组4"图层组折叠起来②，接下来介绍如何对这种非常小的区域进行调整。

如图10-66所示，首先创建一个空白图层①，选择"吸管工具"②，在上方的参数栏中选择"样本"为"所有图层"③，否则它会只针对上方的空白图层取色，是没有作用的。在眼睑周边没有丢色的位置单击取色④，将前景色取为没有丢色位置的色彩。

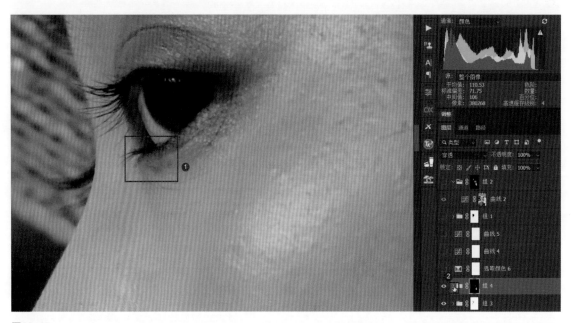

图10-65

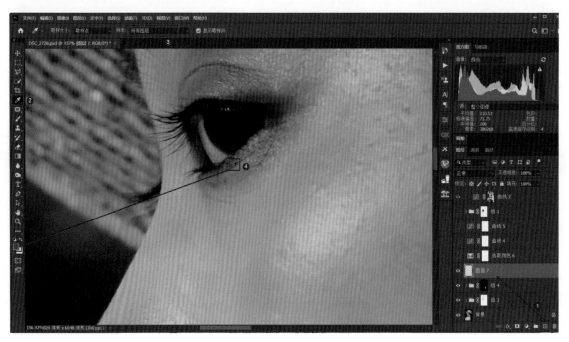

图10-66

然后选择"画笔工具"①,在眼睑丢色位置进行涂抹②,如图10-67所示。

之后将图层混合模式改为"颜色",这样就为丢色的眼睑部分补上了色彩,如图10-68所示。这种补色的方法比较适合非常小的瑕疵区域,不适合大片丢色的区域。

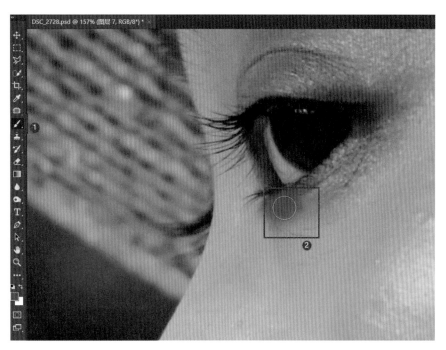

图10-67

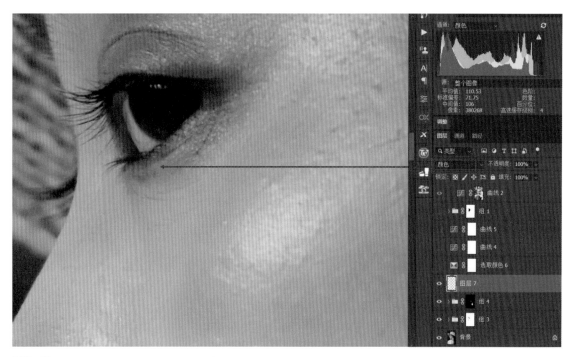

图10-68

第十一章

色相/饱和度 的使用技巧

本章介绍色相/饱和度的功能原理、设定方法以及具体使用技巧，之后通过一个具体的案例操作来巩固学习效果。

11.1

色相协调

打开照片之后，打开"图像"菜单，选择"调整"|"色相/饱和度"命令，如图11-1所示，可以打开"色相/饱和度"对话框。

"色相/饱和度"对话框功能比较全，并且界面比较大，适合观察，如图11-2所示，所以这里没有使用色相/饱和度调整图层来进行介绍。在调色时，很多人可能会使用可选颜色或是其他调色工具，而没有选择色相/饱和度，可能是因为没有真正掌握色相/饱和度的正确使用方法，没有理解它的精髓。可选颜色等调色工具，虽然使用起来相对比较简单，但是精确度稍微差一些，比较适合对画面色彩要求不是特别严格的风光类照片。在商业摄影中，使用色相/饱和度可能会更多。

在"色相/饱和度"对话框中，可以看到色彩通道，选择某种色彩，即可以对该色彩进行调整，如图11-3所示。

图11-1

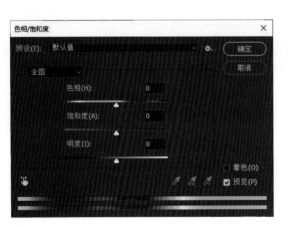

图11-2

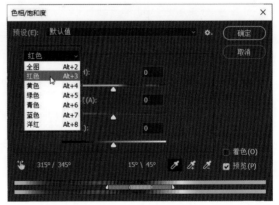

图11-3

对话框下方有两个色条，上方的色条表示当前画面的颜色，调整之后，画面显示出另外一种色彩，下方色条显示的是调整后的色彩，调整区域就是两个色条中间的几个滑块所限定的区域。

前面在介绍可选颜色时曾经介绍过，可选颜色供调整的6种颜色在色环上两两相差60°，而红、绿、蓝或黄、洋红、青两组中，3种颜色两两相差120°，色域相对来说比较广。在"色相/饱和度"对话框下方的色条中间，有4个滑块。这4个滑块对应的4种颜色在色环中两两相差30°，加起来就只有90°的可调色范围，如图11-4所示。因此可以看出，色相/饱和度的调色范围小，但同时也必然会更加精准。可选颜色的调色范围更大，调色范围大并不是一无是处，因为它可以让调色与未调色区域的过渡更加柔和一些。这是两款工具的利弊。

色相/饱和度这个功能之所以强大，还在于可以通过拖动其中的滑块来改变色彩辐射的范围。可以这样认为，色相/饱和度所能实现的调色范围通过手动编辑可以更大，但是可选颜色则不能调整调色范围。从这个角度来说，色相/饱和度功能更加强大一些。

我们在色相环上标出了一些色彩的跨度，可以看到，一个色相环一周是360°，将它分成12份，每一份就是30°。从色相环上标注的度数可以看到，色相/饱和度所能辐射的范围为315°~45°，跨越的是90°的范围，如图11-5所示。

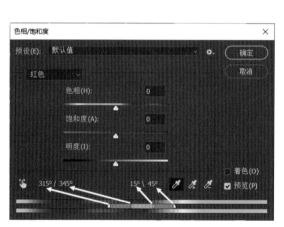

图11-4

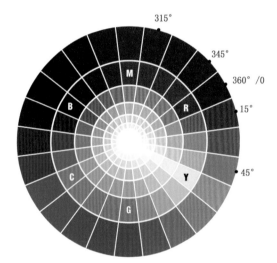

图11-5

再来看一下可选颜色。在可选颜色"属性"面板中任意选择一个通道，如"红色"通道，如图11-6所示。可以看到"青色""洋红"和"黄色"两两之间相差120°，范围还是大一些，如图11-7所示。

在"色相/饱和度"对话框下方的色条中间，按住鼠标左键拖动某个灰度条，可以改变它影响的位置，如图11-8所示。

而按住鼠标左键拖动某个滑块，可以改变对应色条的宽度。通过这种调整，就可以改变颜色的跨度，调色的范围可以变得非常大，这样调色的效果也会变得非常柔和，如图11-9所示。

图11-6

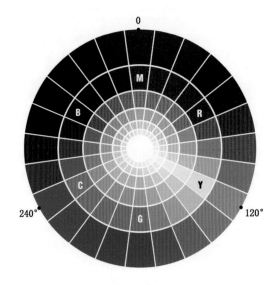

图11-7

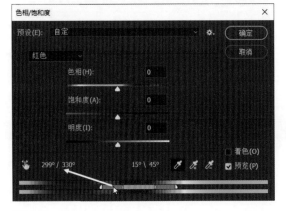

图11-8

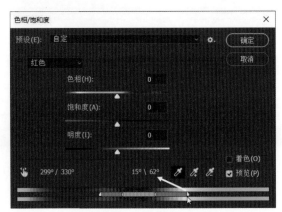

图11-9

11.2

案例：人物面部杂色修复

下面通过具体的照片来介绍色相/饱和度功能的使用方法。在图11-10所示的照片中可以看到，标出的①~④这4个位置饱和度是非常高的，明显与人物其他位置的肤色不同。我们的目的是要让这些偏红的肤色变黄一些，与人物其他位置的肤色匹配协调起来。

图11-10

如图11-11所示，先创建色相/饱和度调整图层①，因为我们要调整的区域是偏红色的，所以在"属性"面板中选择"红色"通道②，然后拖动"色相"滑块改变色彩③。观察下方的两个色条，可以看到，上方色条是我们选择的红色，而下方色条就发生了较大变化，它的颜色与此时调整后画面的颜色是一致的。这里需要注意的是，色条中间的三段灰度条，中间的浅灰色是100%调整的区域，而两端稍微深一点的灰色是调色与未调色区域中间的过渡区域。这个区域越大，过渡越柔和；这个区域越小，过渡就会越硬、越跳跃，也越精准。

大幅度改变色相之后，人物面部整体色彩发生了非常大的变化，无论是偏红的区域还是偏黄的区域，这显然不是我们想要的。那么如何准确定位到我们想要的色彩呢？这时就需要在下方的色条上改变三个灰度条的长度及滑块的位置来进行精准定位，将其定位到人物皮肤要改变色相的位置上。调整之后，就基本包含了我们想要调色的位置，当然也会有其他一些位置发生了变化，这是无可避免的，当前已经精准了很多，如图11-12所示。

图11-11

图11-12

这时再把"色相"恢复回来，不要进行过大幅度的调色，一般控制在0~5的向右偏移。此时可以看到手指缝隙、腮部等偏红的位置的色彩就被校正好了，如图11-13所示。

总结一下，先大幅度偏移色相，然后缩小调色范围，精准定位想要调色的区域。最后再把色彩调整回来进行轻度的偏移调色，让色彩变得正常。一开始大幅度偏移色相主要是为了便于观察，而后续调整色条上的灰度条是为了精准定位我们想要调色的区域。这样主要的几个调色位置的色彩就趋于正常了。

图11-13

对比调色前后的效果，可以看到人物面部的肤色变得更加干净，不再杂乱，如图11-14和图11-15所示。

图11-14

图11-15

放大照片会发现，有几个位置依然存在问题。如图11-16中箭头所示，人物鼻梁上方及指缝内有一些偏洋红色。因此，再次创建一个色相/饱和度调整图层，选择"洋红"通道，微调"色相"，让这些洋红色与其他的色彩匹配起来，如图11-17所示。这样就完成了这张照片人物肤色的调整。

图11-16

图11-17

虽然调整过程中的一些环节的调整幅度非常大，但最终完成调色时，还是非常精准的。这样就实现了对一些浅色的局部以及微小区域的调色，让肤色整体干净了起来。这是通过色相的处理，让画面色彩变纯净的方法。通过这种调整，我们也理解了色相/饱和度的使用方法。

11.3
饱和度的高级使用技巧

下面介绍饱和度的高级使用方法，当然也会涉及明度。

对于这张照片，如果想要降低画面的饱和度，那么直接降低饱和度的值，则全图的饱和度都会降低，这样画面会显得不够干净，调出来的照片自然不好看，如图11-18所示。

图11-18

为什么会出现这种问题？这里可以用一个色块来进行观察。如图11-19所示，在Photoshop中任意打开一张素材照片，创建一个空白图层①，然后在工具栏单击前景色②，弹出"拾色器（前景色）"对话框。对话框左侧是我们所选择的色相的饱和度及明亮度分布状态，这里选择的是纯红色③。按住鼠标上下拖动中间竖色条上的滑块可以定位我们想要的色彩。设置完成后单击"确定"按钮④。

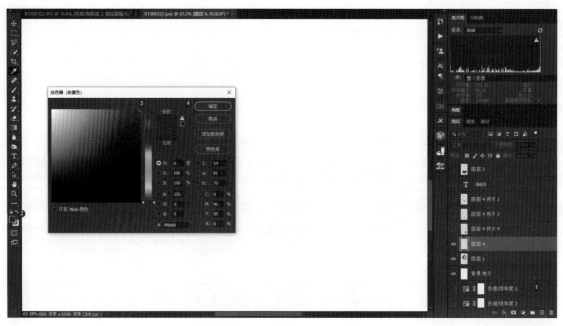

图11-19

之后在工具栏中选择"矩形选框工具"，拖动出一个矩形区域，如图11-20所示。

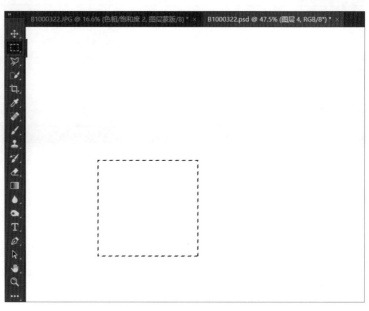

图11-20

按键盘上的Alt+Delete键，这样可以为选框填充前景色，然后再按Ctrl+D组合键取消选区，这样就创建了一个红色的色块，如图11-21所示。

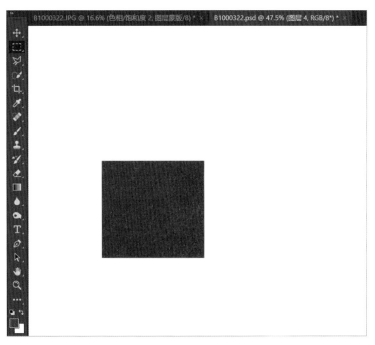

图11-21

在工具栏中选择"移动工具"，按住键盘上的Alt键拖动色块，可以复制出一个新的红色色块，且生成一个新的图层，如图11-22所示。

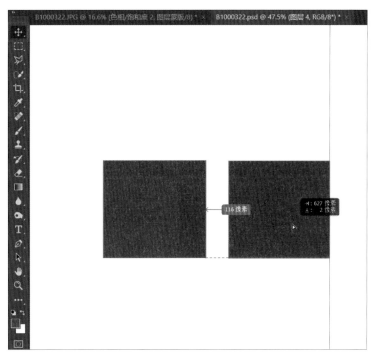

图11-22

单击选中新复制的这个红色色块图层，然后创建一个色相/饱和度调整图层①，并设定创建的色相/饱和度调整图层剪切到复制的色块图层上。在"属性"面板中降低新复制色块的饱和度②，可以看到饱和度降低后，这个色块变得非常脏，不是很红，有发灰的感觉，这个色彩给人的感觉非常不舒服，如图11-23所示。之所以出现这种情况，是因为这种降低色彩饱和度的方法并不合理。

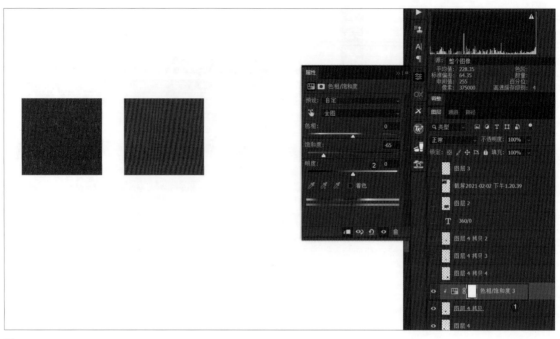

图11-23

下面对比一下，正常的红色是下图拾色器中右上角的红色，如图11-24所示。

图11-24

选择"吸管工具"①，在降低饱和度的色块上单击②，将色彩添加到前景色，如图11-25所示。

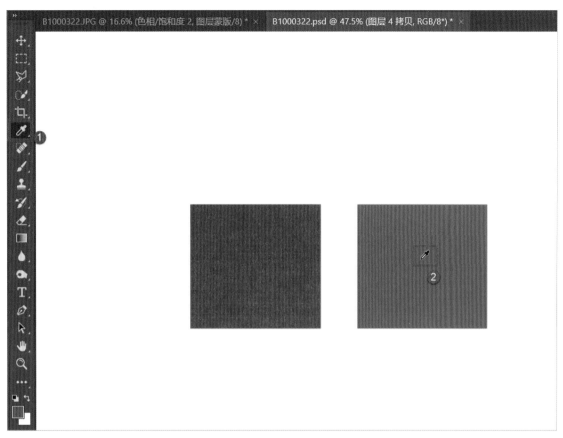

图11-25

然后单击前景色色块，进入"拾色器（前景色）"对话框，可以看到，此时的色彩定位于拾色器的中间位置。虽然我们只是降低了饱和度，但这种降低色彩饱和度方法，同时也会降低明亮度，这样就会出现一种非常脏的颜色，如图11-26所示。

图11-26

接下来再次制作一个矩形选区，然后单击前景色色块，在打开的"拾色器（前景色）"对话框中将色彩定位到上方中间的位置，如图11-27所示。这相当于只是增加了这种色彩的明亮度，可以看到，饱和度比起第一个色块其实也降低了，但是色块依然非常干净。

继续操作，再创建一个色块，然后只将红色的明度降低。这时会发现，这种明度的降低没有改变饱和度的值，但是感觉画面整体的饱和度降低了，色块也依然比较纯净，如图11-28所示。

由此可以知道，如果要在降低某种色彩饱和度的同时保持很好的纯净度，那么调整明亮度是更好的选择。如果要让色彩饱和度变低、变亮一些，那么就提高明亮度，让色彩饱和度变低、变暗一些，就降低色彩的明亮度，如果直接降低饱和度，效果反而不是很好。

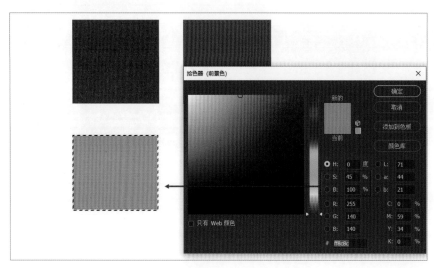

图11-27

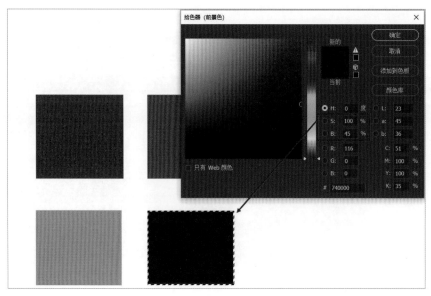

图11-28

接下来再次创建一个色块，然后创建色相/饱和度调整图层，如图11-29所示。

如图11-30所示，在"属性"面板中直接降低"明度"①，可以看到，这种降低明度所得到的效果与之前直接通过拾色器取色，降低色彩明度所得到的效果是一致的②。

这就会给我们一种新的思路，即在降低饱和度时，不要直接降低饱和度的值，而是通过改变色彩明亮度来实现调色效果。这样色彩会更加干净，效果可能更理想。这是色相/饱和度的一种正确使用方法。

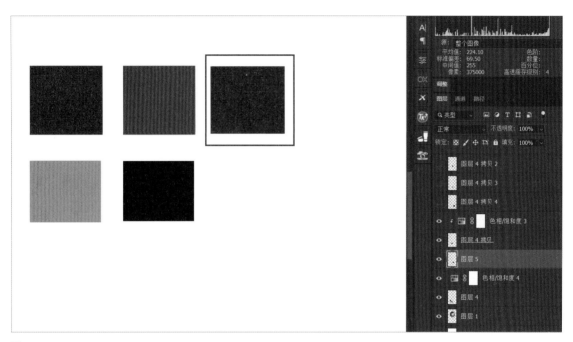

图11-29

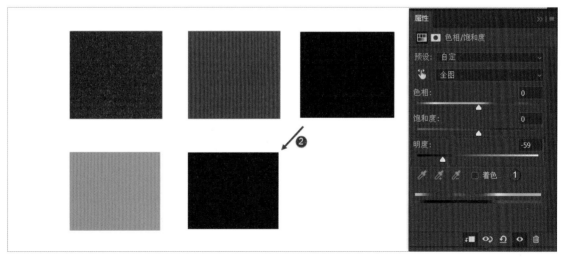

图11-30

本章介绍了如何通过色相调整进行精准的调色，以及如何正确使用饱和度的变化来改变照片色彩的色感这两个知识点。

第十二章

高级调色：
色调的统一
与调色流程

本章并没有复杂的前后期技术讲解，主要介绍有关调色的两个高级概念。

第一个是画面色调的统一性，只有色调统一了，画面才会好看，才会有高级感；第二个是后期调色的流程与逻辑关系，正确的流程可以帮助用户实现更好的调色效果，并且效率更高。

12.1

色调的统一

认识色调的统一性

色调的统一性，主要是指色彩三要素明度、色相和饱和度关系的统一。统一的意思就是指一个画面要只有一个主色调。有人会把色彩叫作颜色，其实这里的颜色更像是色彩三要素中的色相，而完整的色彩概念还要包括饱和度与明度。

冷调、暖调，绿调、黄调，每一张照片都应该有色彩倾向，这就是我们说的主色调。如果一幅画没有统一的色调，任局部色彩变化，整体效果必然很乱，而且很花，表达不出统一的情感和情调。

我们拍摄的照片，大多如图12-1所示，色调并不统一，不够协调。后期处理过后，画面整体有了一种红橙色的主色调，变得更协调好看，如图12-2所示。

画面的主调种类很多：

从冷暖关系看，画面的主色调有暖调、冷调、中性调；

从色相关系看，画面的主色调可分为绿调、蓝调、黄调等；

从明度角度看，画面的主色调可分为亮调、暗调 (高调、低调)。

图12-1   图12-2

光源与环境色决定主色调

画面的主色调有多种选择，那我们应该如何确定画面的主色调呢？

一般来说，在光源色比较强的情况下，应该用光源色统一画面，决定主色调。比如，作为光源的灯前面放一个红色片，那环境里都会偏红颜色。

当光源色非常微弱时，环境色就决定了主色调。比如，进入一个刷着红颜色漆的房间，即便用白色的光照亮整个环境，这个环境依然是偏红颜色的。所以，在特定的情况下，景物本身的色彩也会成为主色调。

再比如，房间是白颜色的，房间里面有一棵绿颜色的树，人无限接近这棵树，以树为道具进行拍摄，那人的皮肤可能就会受到树的影响，会偏一些绿色。

如图12-3所示，人物所处的环境整体比较昏暗，环境色的影响比较小。所以对于这个场景，画面更适合由光源色，也就是灯光的暖色调来决定主色调。最终画面调为一种温馨的橙黄色调，效果好了很多，如图12-4所示。

图12-3

图12-4

同主色调不同色

主色调决定了画面整体的风格和基调，但这并不是说其他色彩都要处于主色调，而是每一种其他色彩都应该具有主色调的因素，使大部分其他色彩与主色调的色彩既有区别，又能融合统一。每种元素，都要有主色调的信息，这样你的画面才能和谐。自然万物的每一个色块，每一块颜色，都不是孤立存在的，它都要受到光源、环境、时间等因素的影响，从而会产生对立统一的色彩关系。

图12-5所示的画面中，各种色调彼此是不相关的，因此显得比较散。最终画面的背景天空、躺椅等都适当渲染了环境的青蓝色；而现场的光源又是暖色的，所以整体环境又略微带一些暖色，最终画面整体就会显得非常干净，如图12-6所示。

图12-5

图12-6

背光面的色彩

没有光就没有色。物体受光部分的色彩明显会受到光源色的影响，是物体的固有色加光源色。也就是说，我们平常看到一个物体，它的颜色都是固有色加光源色的结果。

那背光的部分呢？恰恰相反，其实是受光面的补色。比如晚霞逆光下的树叶，因为受光面是偏黄、偏绿的；所以背光面则倾向于它们的补色，偏蓝、偏紫一些。

如图12-7所示的照片中，受光面比较明显，但背光面没有太多色彩倾向。调色时，受光面进一步变暖，背光面则稍稍加了一些冷色调，如图12-8所示。

图12-7

图12-8

受光面的色彩

如图12-9所示的照片中，受光面不够暖，画面给人一种偏青的感觉。在高光部分渲染暖色调，画面整体色调就协调了起来，如图12-10所示。

图12-9

图12-10

查找不统一的色调

任何一款显示器的颜色都不可能达到所见即所得，100%准确。所以在确定主色调，并检查有问题的色彩时，往往要通过直方图波形及色值等信息来检查，然后根据检查结果进行后续处理，更准确地校正颜色。

在如图12-11所示的照片中，查找不协调的色彩，如背景当中的青绿色、树皮上的青色、人物面部发灰的区域等，并进行适当处理。最终进行色调统一后的画面效果如图12-12所示。

图12-11   图12-12

1.通过直方图检查色彩。

如图12-13所示，通过直方图检查图片色彩信息的方法简单总结起来，有以下两点。

（1）直方图左边表示阴影，右边表示高光，中间表示中间调。如果直方图左侧和右侧都缺少细节，说明照片肯定是发灰的，需要加对比。反过来，如果高光、阴影都有细节，中间调没有细节，也就是整个直方图的波形是两边高、中间低，就说明片子反差太大，细节丢失。

（2）在ACR中的直方图中，右上角的三角标是什么颜色就说明照片偏什么色。比如右上角的三角标是红色，那整个画面有可能就偏红了，尤其是高光部分。而其左上角的三角标，它偏什么颜色，就说明照片暗部缺那种颜色。比如左上角的三角标是蓝色，那画面暗部可能就缺蓝颜色，也就是暗部偏黄。

图12-13

2.通过色值检查色彩。

（1）RGB三个参数值越相近说明片子越灰。比如我们通常说的纯白色的RGB都为255，黑色的RGB都为0，中性灰的RGB则均为128。三个参数越相近，画面颜色就会越淡，就是越灰，如图12-14所示。

（2）当RGB中某一个参数明显大于其他两个参数时，画面就会偏较大值的颜色，如图12-15所示，可以看到，R值大，说明取样位置的色彩是偏红色的。

（3）RGB中色值较大的两个数值越接近，画面就越偏向这两个颜色的混合色。例如，R:200，G:180，B:30，很明显红色加绿色得到黄色，通过RGB数值大小就可以判断出画面偏什么颜色。

对颜色的认识，不要仅仅停留在感性层面上，适当地用一些理性的参数，才能更准确。

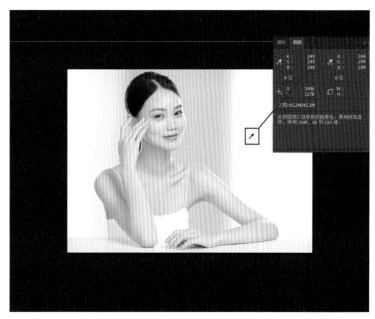

图12-14

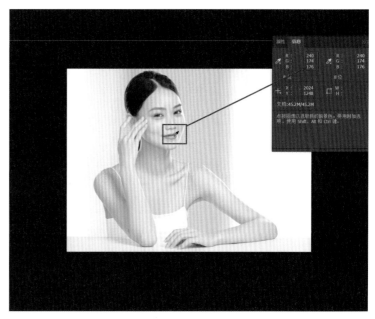

图12-15

色调不统一的原因及解决方案

在认识了色调统一的重要性及具体原理之后，下面介绍在面对色调不统一的照片时，如何去解决问题。

1.影调及明亮度导致的色调不统一问题。

亮暗关系不均匀就会造成颜色的不均匀，非常亮的位置颜色会很淡，非常黑的位置颜色也会很淡，只有灰度多（亮度适中）的位置，细节才会多，颜色也会丰富。

针对这种情况，需要用去色观察层来观察问题区域，进而修复明暗光影，一般需要做一层渐变映射对画面去色，然后进行观察。之后，借助调色工具，对色彩有问题的区域进行调整。

2.饱和度差别造成的色调不统一问题。

因为饱和度差别导致的色调不统一，又可以细分以下几种情况。

（1）色相很统一，只是单纯的局部掉色了。这种情况一般直接用色彩平衡去加色就好（如果是小面积的，可以用"颜色"这种图层混合模式来处理）。

（2）掉色的同时，伴随着色相杂乱。这种情况，如果是小面积的区域，可以直接用"颜色"这种图层混合模式来搞定。大面积的就需要继续降低局部饱和度，使杂色都变灰，然后再用色彩平衡/曲线去补色。什么意思呢？就是说，如果你看到一张照片的暗部有点掉色，这个掉色和整体比是有点发灰的，但是掉色的同时还有很多杂色，那这种情况下就要把杂色饱和度降得再低一点。但这样画面会变得更灰，之后可以再用色彩平衡或者曲线来加色。

需要注意的是，如果这种区域位于阴影中，就只适合轻度加色，如果加色太多，画面依然会出问题。

对于阴影中的彩色噪点，可以用ACR"细节"面板中的降噪功能去修复。

人物面部等非常小区域的掉色问题，可以通过空白图层+"画笔工具"选择，然后设为"颜色"图层混合模式的方式处理，如图12-16所示。

图12-16

3. 色相造成的色调不统一问题。

（1）如果两种颜色相差较大（在色环上相差为90°及以上），如图12-17所示，可以用可选颜色这个功能来调整。比如，照片中有红色和绿色两种主要色调，用可选颜色对绿色进行单独调整，就不会影响到红色。

（2）如果是邻近色中的某一种色彩需要调整，就需要使用色相/饱和度功能。比如皮肤中的红、黄及橘色，色彩相差不大，使用色相/饱和度功能调整效果最好。

（3）如果一张照片中同时出现以上两种情况，就需要先调色彩的明亮度，再调饱和度，最后再调色相，只有解决明亮度和饱和度的问题之后，色相呈现的结果才能更直观。

如图12-18所示的照片中，青色、绿色、黄色等彼此相邻，无法使用可选颜色功能进行色调统一。这种色彩相邻的画面，应主要以色相/饱和度等功能来进行色调统一，得到更好的效果，如图12-19所示。

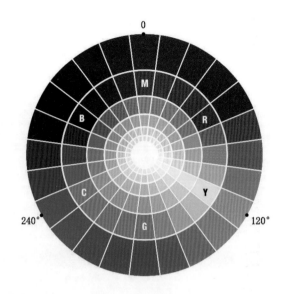

图12-17

图12-18   图12-19

12.2
从形、色、质三个方面确定修图流程

很多初学者会比较困惑，后期修图的时候是先调色还是先修图，这个问题类似于"先有鸡还是先有蛋"。后期的作用在于弥补前期的不足，哪些需要后期就对哪些内容做调整，有的图侧重修图，有的图则侧重调色。下面介绍我自己对修图与调色逻辑的总结。

> **Tips**
> 这里的修图是指对照片的明暗、瑕疵、细节等进行全方位处理。

从专业的角度来讲，照片的形包括构图及画面各个元素的造型。这是最基础的，也是最重要的。有了好的形式美才能往里填入色彩及质感的细节。举例来说，从人像摄影的角度，形就是身材、脸型的意思。

色彩与质感都跟光有关系，有光就有色，有光才能清楚看到物体表面的肌理。

我们在拿到一张图的时候，首先考虑的是它的形够不够美，如果不够美就要解决，就像对人像照片要先进行液化等操作。

形、色、质三个层次的顺序还要根据问题的严重程度来分析。在商业摄影中，拍摄的人物大多数都是精心挑选的模特，形体的问题一般不会不大，但拍摄中需要服装、道具、场景等元素的装饰，这些装饰元素往往就会让整个画面产生新的问题。从这个角度看，所有元素组合的形又显得特别重要。后期修图时，画面所有元素的形都要先检查一遍，并且要注意各元素之间的形式搭配和协调性问题，这些都差不多了再去考虑颜色及质感。

如果原图遇到曝光不对、光比不对、色温不对等基本的摄影问题，就需要先校正曝光、色温再去考虑形、色、质。

由此可见，形、色、质三者的顺序，最终还是取决于哪一方面问题最严重。解决好最严重的问题之后，继续按形、色、质的顺序进行调整就可以了。

如图12-20所示的这张照片，人物形体的塑造是最重要的，可以看到调整前后效果差别非常大，如图12-21所示。

图12-20

图12-21

12.3

调色的三级流程

色彩的调整是后期的关键，也是难点，比起形体的调整，调色要抽象和困难很多。从调色能力的学习和提升来讲，了解调色的规则及提升色彩美学素养非常重要。

根据我多年从业经验，调色可以大致分为以下三级。

一级调色：基础校正。

二级调色：色彩构成。

三级调色：色调强化。

这三级调色的顺序是逐层递进的逻辑，不可逆转，色彩没有得到校正就去调某个色调，调出来的肯定是严重偏色的失败效果。

一级调色：基础校正

一级调色的工作基本在Camera Raw这个导图软件中就可以完成，如曝光、反差、色温、饱和度这些，如图12-22所示。但这这个导图软件中还有很多其他功能，如颜色分级、混色器等，合理使用这些工具，可以提高校色效率，优化校色效果。

图12-22

在导图软件中进行混色器及颜色分级的调整，其实属于二级调色要做的内容。经验比较丰富的摄影师可以直接在导图软件内完成一、二、三级调色，直接得到一张色彩完美的片子。

这里说一种比较特殊的情况，很多专业摄影师喜欢用Capture one这款导图软件联机拍摄并直接生成适合的颜色配方，最终输出TIFF格式给后期修图师进行修图。

导图软件对于局部细节的调整不如Photoshop方便，也不像Photoshop中有"历史记录"可以返回之前的一些操作，所以对于改动较大的调整，要尽量放到Photoshop中通过图层来完成。

二级调色：色彩构成

二级调色是一个配色的过程。过于真实的颜色比较难打动客户，我们平常看到很多大片都会对原照片进行特定的色调调整，得到更高级的效果。而如何得到这种高级的色调，其实就是色彩搭配的过程。

原图中人物的肤色、服装颜色、背景颜色都比较正常干净，但缺失色彩的视觉效果，显得不够高级，如图12-23所示。肤色、服装和背景三者中，一般要优先考虑背景色的调整，其次适当调整肤色及服装。重新配色后，画面显得非常高级，如图12-24所示。

图12-23

图12-24

一个带环境的图，对颜色起主导作用的当然是背景色，背景色就是环境色。要注意，不管怎么调，肤色看上去都要自然健康，所有肤色不健康的调色都属于偏色。

二级调色就是将画面按照元素进行分类，然后从各元素中找到决定画面主色调的颜色，并尝试配色。确定好主色调后，再将其他元素往主色调上靠。最终是否能达到色彩协调还要看个人对于色彩构成驾驭的能力是否足够。

三级调色：色调强化

三级调色是指将画面各元素按照高光（白）、阴影（黑）、中间调（灰）进行归类和分区。比如，人物肤色的高光、背景的高光、服装的高光是一类。按照黑、白、灰三区的分类可以使各区颜色更和谐。

常见的三级调色原理中，核心的理论或说规则就是暗部偏蓝、高光偏黄，或者暗部偏青、高光偏红。

对于人像类题材来说，因为人物的肤色是暖色，所以一般暗部偏冷、高光偏暖比较容易保护肤色，如图12-25所示，高光降低蓝色对暖色调进行了保护，暗部提高蓝色对冷色调进行了强化。

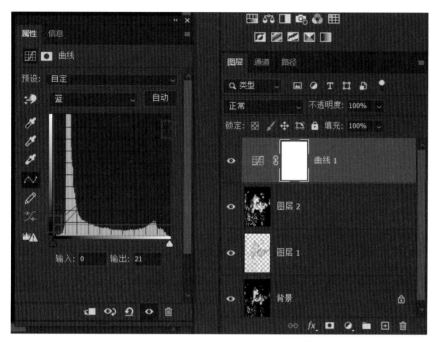

图12-25

用曲线对暗部渲染色彩的时候一定要注意力度，一般建议调整的明暗级数在25以内（曲线横竖各十格，不要超过一个格子）。当然，具体偏多少还是取决于图片的高低调。如果是暗调的片子，暗部调色的幅度可以适当大一点；如果是高调的片子，暗部调整幅度就尽量小一点。

总结起来，关于三级调色，最基础的是一级调色；最考验审美和经验的是二级调整；三级调色反而不是那么重要。对于一般的照片，做好前面两个级别的调色就很好了。

第十三章

人像摄影后期精修案例

本章我们将通过两个具体案例来介绍人像摄影后期当中比较基础的皮肤去油光、磨皮以及补色技巧。

皮肤油光是指人物皮肤因为反光所产生的一些过亮的高光区域，像覆盖了一层油脂，所以需要去除。磨皮比较简单，是指对人物皮肤进行优化，让肤质变得更光滑。补色则是指针对人物皮肤丢色的问题进行弥补（所谓丢色是指皮肤的某些部分色彩比较弱、发灰）。

13.1

室外人像精修案例

首先来看第一个案例。从案例照片中可以看到原图整体比较暗，人物面部的高光区域有一种泛油光的感觉；另外皮肤显得凹凸不平，需要进行磨皮；人物腮骨下边缘有丢色的问题，要进行补色处理，如图13-1所示。

可以看到调修后的效果图中，人物的面部变得光滑起来，油光问题得到了有效的修复，腮骨位置也得到了很好的补色，如图13-2所示。

图13-1 原图   图13-2 效果图

图13-3和图13-4分别为原图和效果图放大后的局部细节图。

图13-3 原图局部放大   图13-4 效果图局部放大

借助Camera Raw滤镜调整照片

首先在Photoshop中打开原始照片，按键盘上的Ctrl+J组合键复制一个图层。后续大量的修瑕疵处理都是在这个复制的图层上进行处理①。背景图层作为原图的备份，我们一般不会破坏背景图层的像素。

单击"滤镜"菜单，选择"Camera Raw滤镜"②，如图13-5所示。

图13-5

进入Camera Raw滤镜对照片的明暗进行基本的修饰。也可以直接按键盘上的Ctrl+Shift+A组合键进入Camera Raw滤镜，此时会进入Camera Raw滤镜界面，如图13-6所示。这个Camera Raw滤镜界面与完整版的Adobe Camera Raw工具（简称ACR）界面会稍有差别，但绝大部分功能是一样的，缺少的只是裁剪等可改变像素的部分功能。

在Camera Raw滤镜中，首先对照片进行一些基本的明暗层次优化。

首先，切换到"基本"面板，提高画面整体的曝光值、提高对比度值、降低高光值、提高阴影值、降低白色值、稍稍降低黑色值①，对画面整体的明暗层次关系进行优化。之后，单击右下方按钮②切换到对比视图，对比原图与效果图的差别。可以看到，经过处理后，画面整体变亮，而明暗层次依然保持了很好的结构，如图13-7所示。

在此，我们的调整没有必要追求太细致，因为后续我们还要在Photoshop中对画面进行磨皮、去油光等非常精致的调整，此处主要是优化照片的明暗层次。之后，单击"确定"按钮③返回Photoshop主界面。

图13-6

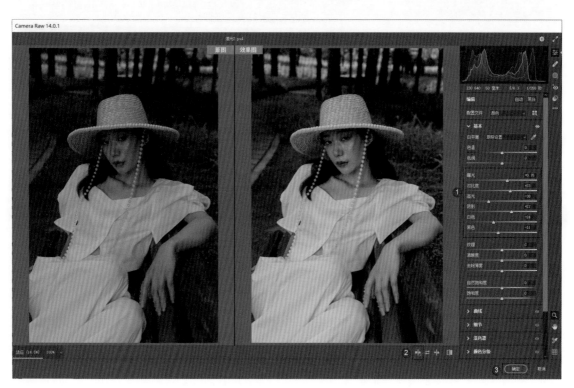

图13-7

修复人物皮肤油光及瑕疵

接下来我们将会对人物面部瑕疵进行优化，处理前先按Ctrl+J组合键复制出一个图层。

在磨皮之前，我们还要创建两个观察图层：一是渐变映射，通过渐变映射调整图层将照片转为黑白状态；二是通过曲线，通过曲线图层来强化人物皮肤部分的明暗关系。

在"图层"面板右下方单击"创建新的填充或调整图层"按钮①，在展开的菜单中选择"渐变映射"②可以创建一个渐变映射调整图层，如图13-8所示。

在打开的"属性"面板中单击中间的灰度条①，可以进入"渐变编辑器"对话框，在"预设"下的列表中展开"基础"文件夹②，选择由白到黑的渐变③，之后单击"确定"按钮，如图13-9所示。

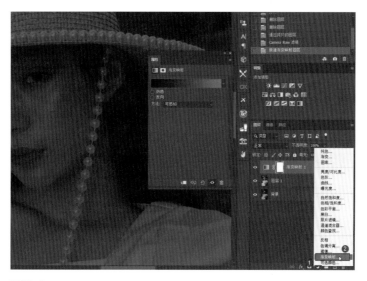

图13-8

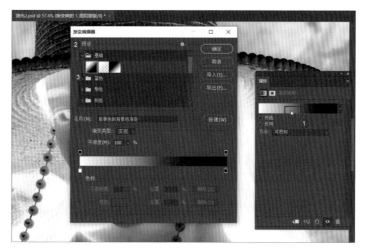

图13-9

在"属性"面板中勾选"反向"
复选框，这样照片变为了黑白状
态，如图13-10所示。

图13-10

之后，创建曲线调整图层。在曲线上单击创建锚点，点住锚点向下拖动，这样可以让照片整体变暗，如图
13-11所示。

图13-11

此时，照片中比较明亮的部分主要就是原照片的高光部分。按键盘上的Ctrl+Alt+2组合键，这样可以载入高光选区，如图13-12所示。

因为我们之前通过曲线调整图层对照片进行了压暗，所以此时的高光选区是比较小的，只有衣服、帽子等部分显示出了选区。但实际上人物面部的一些亮部也包含在选当中，只是选择度比较低，没有显示选区线而已。

图13-12

在"图层"面板中单击选中我们复制的图层，如图13-13所示。

按键盘上的Ctrl+J组合键，这样可以将我们选择的高光部分提取出来，保存为一个单独的图层（图层2）①。将"图层2"的混合模式改为"正片叠底"②，这种混合模式会让叠加的部分变暗，就相当于压暗了高光部分，如图13-14所示。

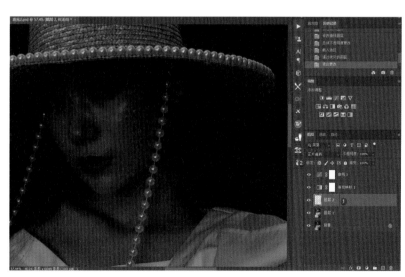

图13-13   图13-14

因为我们要压暗的部分主要是人物面部的油光，衣服及帽子不需要调整，所以我们按住键盘上的Alt键单击"创建图层蒙版"按钮，这样会创建一个黑蒙版，如图13-15所示，黑色蒙版的作用是遮挡我们的压暗效果。

在工具栏中选择"画笔工具"①，将前景色设为白色②，设定柔性画笔③，稍稍降低画笔的"不透明度"④，在人物面部受光高光照射的光斑上进行涂抹⑤，还原出这些高光的压暗效果，如图13-16所示。这样，我们就对人物面部的油光实现了一定的优化。这是一种比较直接的人物面部油光优化技巧，也比较简单。

图13-15

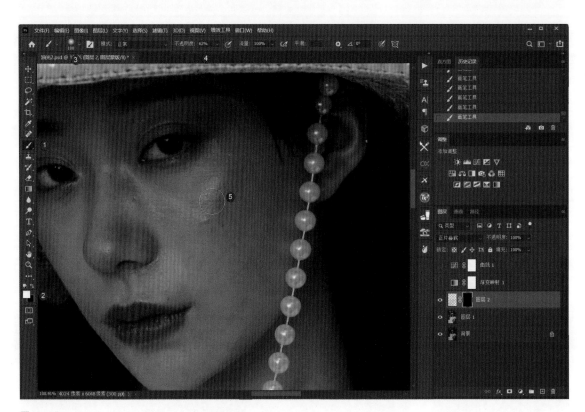

图13-16

接下来观察人物面部，可以发现一些比较明显的瑕疵。

在"图层"面板中单击高光图层前的小眼睛图标①，隐藏高光图层，单击选中复制的图层②，在工具栏中选择"修补工具"③，如图13-17所示。

图13-17

对人物面部比较明显的瑕疵进行修补（勾选瑕疵之后按住鼠标左键向周边比较正常的皮肤上拖动，然后松开鼠标，再按Ctrl+D组合键取消选区，即可以修掉这个瑕疵），如图13-18所示。

图13-18

具体操作时，还可以结合"污点修复画笔工具"（见图13-19）、"修复画笔工具"等工具进行修复，力求实现更好的效果。比如，可以选择"污点修复画笔工具"，缩小画笔直径点掉人物面部一些稍小一点的瑕疵，如图13-20所示。

对人物面部的瑕疵进行修复之后，将我们复制的图层重命名为"瑕疵"，如图13-21所示，便于我们查找。

图13-19

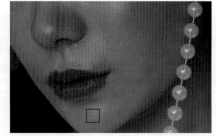
图13-20

图13-21

人物磨皮

之后我们准备进行磨皮处理。首先创建曲线调整图层，向上拖动曲线提亮画面。然后，按键盘上的Ctrl+I组合键反向蒙版这个图层，将提亮效果隐藏起来，如图13-22所示。

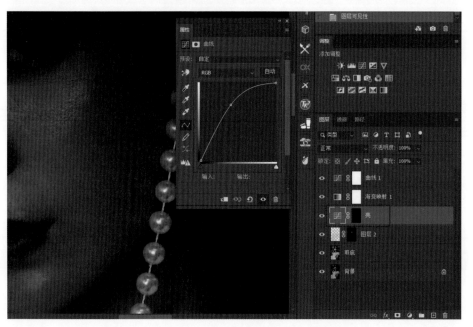
图13-22

在工具栏中选择"画笔工具"①，设定前景色为白色②，缩小画笔直径③，降低画笔的"不透明度"④，在人物面部一些比较暗的位置上进行涂抹⑤，稍稍提亮这些区域，如图13-23所示。图中标出的只是一个位置，实际上我们要涂抹的位置还是比较多的。经过涂抹，我们就完成了面部暗部的提亮处理。

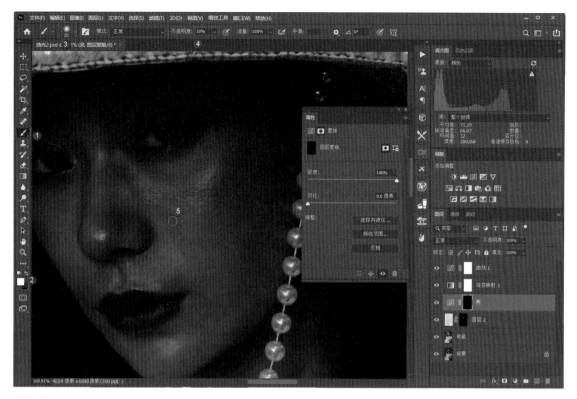

图13-23

之后我们可以对比人物面部提亮前后的效果，可以看到变化还是非常明显的，如图13-24和图13-25所示。

图13-24

图13-25

如果要更直观地观察磨皮前后的效果，那么可以隐藏观察图层①，再隐藏这个提亮的曲线图层②，恢复到磨皮之前的效果，如图13-26所示。之后再显示出提亮的曲线图层，观察调整前后的彩色照片效果，如图13-27所示。可以发现人物面部明显变得更加光滑，不再凹凸不平。

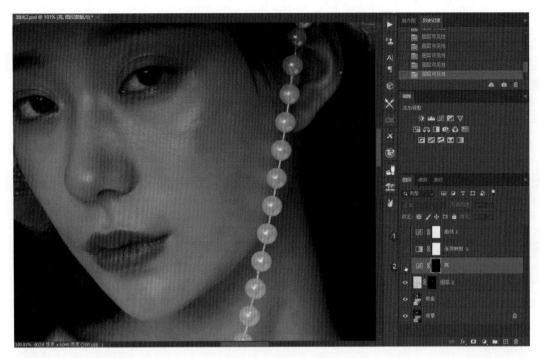

图13-26

图13-27

人物皮肤调色与补色

此时观察画面整体，可以看到人物的手部有一些偏紫，所以创建色相/饱和度调整图层，选择"红色"通道，将"色相"滑块稍稍向右拖动，紫色会变得偏红一些；适当提高"明度"，提亮肤色①，让肤色趋于正常，如图13-28所示。

这样操作的后果是全图的色彩都会发生变化，所以我们按键盘上的Ctrl+I组键对蒙版进行反向②，然后选择"画笔工具"③，将前景色设为白色④，将"不透明度"提到最高⑤，在人物的手指部位进行涂抹，只显示出手指部位的调整，这样完成了对手指部分的调色。同时，对于人物面部一些偏紫的位置也可以进行轻微的涂抹，让这些区域的肤色变得正常一些。

图13-28

这时观察照片，可以看到背景中树叶部分的饱和度非常高，我们需要适当降低饱和度，让这些部分与画面的整体效果协调起来。

前面我们已经介绍过，借助于可选颜色的色彩通道与明暗通道设定，我们可以检查照片中饱和度比较高或比较低的区域。

接下来创建可选颜色调整图层，在所有色彩通道中将"黑色"降到最低。这里只展示了"红色"通道降到最低的界面，如图13-29所示，实际上所有彩色通道的"黑色"都要降到最低。之后，再将"白色""黑色"和"中性色"这三种通道中的"黑色"提到最高，如图13-30所示。

此时，照片中亮的部分就是饱和度比较高的区域（和原照片中为白色的区域），暗的部分就是饱和度比较低的区域（和原照片中原本为黑色的区域）。

图13-29

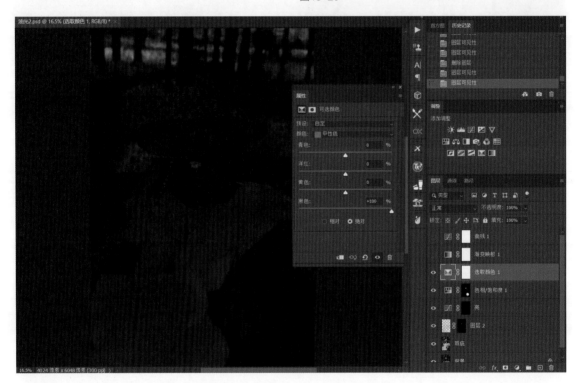

图13-30

为了让各区域显示的更加明显，应创建一个色阶调整图层，在其中调整色阶滑块来加强画面的明暗反差，整体要适当地提亮一些，如图13-31所示。

单击关闭上方4个图层前的小眼睛图标，隐藏这4个图层①；按键盘上的Ctrl+Alt+2组合键提取高光部分，然后创建色相/饱和度调整图层②；降"低饱和度"的值③。此时照片中饱和度过高部分的饱和度会被降低，如图13-32所示。

图13-31

图13-32

在"图层"面板中按住Ctrl键单
击"色相/饱和度2"图层的蒙版
图标，可以再次载入选区，如
图13-33所示。

图13-33

单击"选择"菜单，选择"反选"命令，如图13-34
所示。这样可以对照片反选，选中的就是丢色的区
域，具体包括人物的脖子、腮骨右侧等看起来发灰
的区域。

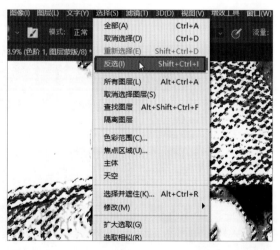

图13-34

选中这些区域后，创建曲线调整图层，稍稍向上拖动红色曲线为这些区域添加红色，稍稍向下拖动绿色曲线
添加洋红色，为人物的丢色部分添加上颜色，如图13-35所示。

之后，在工具栏中选择"画笔工具"①，将前景色设为黑色②，将"不透明度"提到最高③，在背景一些不
应包含进来的区域上进行涂抹④，将这些区域排除掉，如图13-36所示，因为我们需要补色的主要就是人物
的皮肤区域。

图13-35

图13-36

第三方插件磨皮

补色完成之后按键盘上的Ctrl+Shift+Alt+E组合键盖印图层，如图13-37所示。

接下来，我们借助第三方的磨皮滤镜"Portraiture 3"对画面进行自动磨皮。进入这个滤镜后，保持默认磨皮效果，直接单击"OK"按钮完成自动磨皮并返回，如图13-38所示。

图13-37

图13-38

我们可以看到磨皮的效果过于强烈，人物的面部皮肤质感丢失比较严重，所以我们可以稍稍降低这个自动磨皮图层的"不透明度"，让人物的面部皮肤更有质感，如图13-39所示。

图13-39

至此，照片处理完成。观察最终效果时，我们就要隐藏上方的观察图层。如果照片调整到位，保存为PSD格式即可。

13.2

室内人像精修案例

本节我们再来处理一个室内人像精修案例。

首先观察原始照片，如图13-40所示，背景有一些比较乱的阴影，人物面部阴影也显得比较重，并且凹凸不平。经过优化处理之后，画面整体效果变得协调，如图13-41所示。放大之后，我们可以看到人物面部变得非常的光滑、漂亮，如图13-42和图13-43所示。

图13-40

图13-41

图13-43

图13-42

人物面部瑕疵修复

在Photoshop中打开原始照片，放大后可以看到人物面部一些明显的瑕疵。如图13-44所示，我们勾出了一些要借助于"修补工具"或"仿制图章工具"修掉的比较大的瑕疵。

接下来按Ctrl+J组合键复制一个图层，如图13-45所示，我们准备对这个复制的图层进行瑕疵修复处理。

图13-44

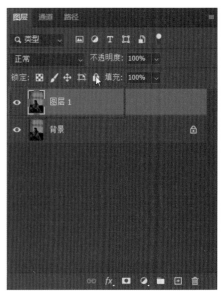

图13-45

选择"修补工具"，勾掉人物面部一些明显的瑕疵，如图13-46所示，将人物头发部分干扰视线的发卡也修掉，如图13-47所示。

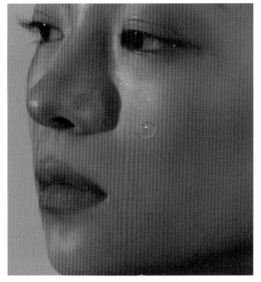

图13-46

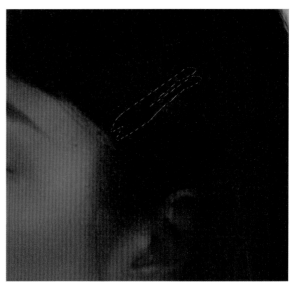

图13-47

发卡的修复效果不是特别自然，选择"仿制图章工具"，对修掉发卡的部分进行轻微的过渡，让修复效果变得更自然，如图13-48所示。

鼻头一侧有些比较明显的瑕疵，实际上也可以选择"仿制图章工具"在这些区域进行取样和修复，从而磨掉这些比较小的疙瘩，让这个区域变得光滑起来，如图13-49所示。

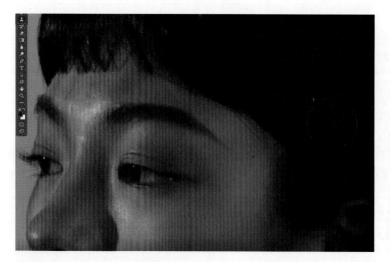

图13-48

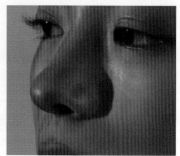

图13-49

全局与局部色彩渲染

此时画面的阴影部分比较重，导致画面整体的氛围感不是很好。可以考虑将画面中的暗部提亮一些，并加入一些暖色调，这样画面整体的氛围感会更强。

按键盘上的Ctrl+Alt+2组合键提取高光部分，如图13-50所示，然后按Ctrl+Shift+I组合键进行反选，如图13-51所示。

图13-50

图13-51

这样我们选中的就是照片的中间调和暗部。创建曲线调整图层，向上拖动曲线进行提亮。选择红色通道曲线，向上拖动为暗部渲染一定的暖色调，此时画面整体的色调会变得更加协调、干净，氛围感更强，如图13-52所示。

图13-52

接下来我们再次按键盘上的Ctrl+Alt+2组合键提取高光部分，如图13-53所示，再次进行反选，如图13-54所示。

图13-53

图13-54

再次对选区内的部分进行整体提亮并渲染暖色调，如图13-55所示。

图13-55

这一次我们主要针对的是人物的脖子等部分，所以还要选中创建的第二个曲线调整图层，按Ctrl+G组合键创建的图层组，再为图层组添加一个黑色蒙版，如图13-56所示，即将第二次的曲线调整效果遮挡起来。

图13-56

选择白色"画笔工具"，在人物的脖子区域进行涂抹，确保脖子区域单独渲染了暖色调，并得到了轻微提亮，如图13-57所示。

这里要注意，我们第一次的提亮和渲染暖色调，针对的是画面整体的暗部；第二次调整则主要针对的是人物的脖子部分。

图13-57

人物皮肤去油光

放大照片，可以看到人物面部依然存在明显的油光，如图13-58所示。

图13-58

我们按Ctrl+Alt+2组合键提取高光部分，如图13-59所示。在"图层"面板中单击选中复制的图层（图层1），按Ctrl+J组合键将高光部分提取出来保存为单独的图层，将图层混合模式改为"正片叠底"，这样可以压暗高光部分。

但实际上我们主要是想压暗人物面部，所以要为高光图层添加黑色蒙版，再用"画笔工具"将人物面部高光部分擦拭出来。这个技巧之前我们已经介绍过多次，这里就不再详细介绍了。

最后，创建曲线调整图层，向下拖动曲线，让画面整体显得更立体一些，如图13-60所示。

图13-59

图13-60

人物皮肤双曲线磨皮

接下来，我们进行人物面部双曲线磨皮的操作。首先创建渐变映射调整图层①，然后创建曲线调整图层②，向下拖动曲线③，让画面的明暗关系显示得更清晰，如图13-61所示。

之后观察画面，可以看到面部很多背光区域需要提亮①。所以我们再次创建曲线调整图层，向上拖动曲线②，按键盘上的Ctrl+I组合键对蒙版进行反向③，遮挡提亮效果，如图13-62所示。

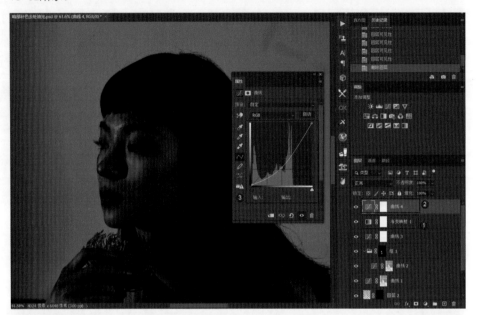

图13-61

图13-62

在工具栏中选择"画笔工具"①，将前景色设为白色②，降低"不透明度"到"10%"③，在人物面部需要提亮的阴影部分进行涂抹④，如图13-63所示。

图13-63

观察照片会发现人物的眼神光比较暗，效果不是很好，因此对黑眼球部分也进行轻轻的涂抹，让也眼神光更明显一些，如图13-64所示。

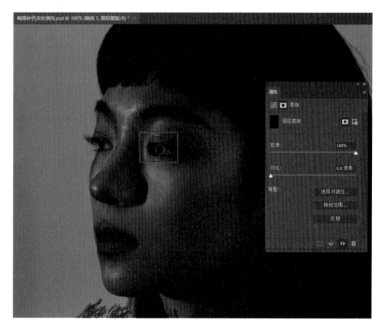

图13-64

为了避免我们涂抹的效果过于强烈导致不自然，稍稍降低图层的"不透明度"，让画面的效果更加自然一些，如图13-65所示。

此时我们可以观察调整前后的画面效果。先隐藏提亮曲线图层，画面效果如图13-66所示。显示出曲线提亮图层，此时的画面如图13-67所示。

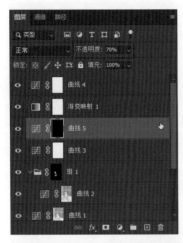

图13-65

图13-66

图13-67

统一人物肤色

此时的人物的腮部有一些偏紫，创建一个色彩平衡调整图层，选择"中间调"，降低蓝色的值，如图13-68所示。可以看到人物的腮部肤色恢复正常。

之前我们对人物的脖子添加了大量的红色，此时看起来稍稍有些重，因此我们创建一个曲线调整图层，点住左下角的锚点稍稍向右拖动降低暗部的红色，当然这个降低幅度要小一些，避免暗部色彩出现大的问题，如图13-69所示。

图13-68

图13-69

操作完成后，按住键盘上的Ctrl键分别单击从
"图层1"到"曲线6"这些图层选中它们，如
图13-70所示。之后按键盘上的Ctrl+G组合键创
建图层组，将所选的这些图层放到一个组中。
按键盘上的Ctrl+Shift+Alt+E组合键盖印图层，如
图13-71所示。

构图问题调整

按键盘上的Ctrl+T组合键对照片进行自由变形，
将背景右侧不干净的一些阴影区域拖出画面显
示区，然后按键盘上的Enter键完成操作即可，
如图13-72所示。

可以看到，调整之后的画面效果是比较理想的。

本章我们借助于两个案例，快速介绍了人像摄
影后期的一些基本调整，包括去油光、补色、磨皮等操作。

实际上对于人物的磨皮操作，我们这两个案例介绍得并不是特别细致，本章的主要目的是介绍后期修图的工作
流程和几个比较重要的知识点。在本系列第二本书中，我们会对不同题材的人像照片进行更细致的磨皮操作。

图13-70 图13-71

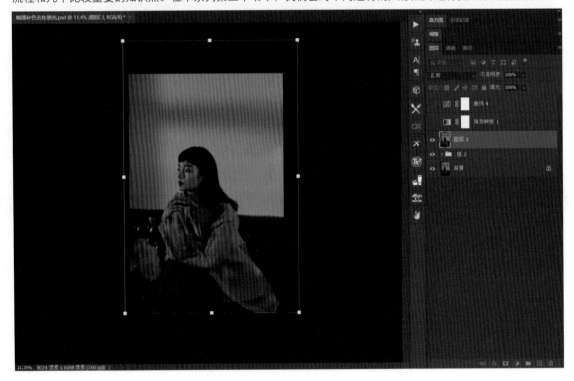

图13-72